职业教育建筑类专业"十二五"规划教材

建 筑 CAD

主编 孙 玲

参编 田 喜　崔英然　卢秀梅

　　　　程 敏　倪宝静　燕 涛

机械工业出版社

本书系统全面地介绍了 AutoCAD 的基础知识，绘图与编辑命令的使用，建筑制图规范，建筑平、立、剖面图的绘制，节点详图的绘制以及文字尺寸标注等内容。

本书以介绍建筑制图基础知识为切入点，使读者在详细了解建筑制图内容和标准规范的前提下，利用 AutoCAD 中提供的绘图工具与选项绘制出准确、规范的建筑施工设计图，并能从学习 AutoCAD 操作转变为学习画图的概念与方法，以达到更高一级的专业设计水平。书中以一栋住宅楼的绘制为例，详细介绍了绘制建筑施工图所需掌握的内容及绘制的方法和步骤，内容简洁、清晰、易懂。

本书可供职业教育院校建筑及其相关专业 AutoCAD 课程使用，对有一定基础的建筑设计人员和绘图人员也有参考价值。

图书在版编目(CIP)数据

建筑 CAD/孙玲主编. —北京：机械工业出版社，2011.8
职业教育建筑类专业"十二五"规划教材
ISBN 978 - 7 - 111 - 34560 - 2

Ⅰ.①建… Ⅱ.①孙… Ⅲ.①建筑设计：计算机辅助设计 – AutoCAD
软件 – 高等职业教育 – 教材　Ⅳ.①TU201.4

中国版本图书馆 CIP 数据核字（2011）第 123005 号

机械工业出版社（北京市百万庄大街 22 号　邮政编码 100037）
策划编辑：曹新宇　责任编辑：曹新宇　王莹莹　版式设计：霍永明
责任校对：常天培　封面设计：马精明　　　　责任印制：杨　曦
北京圣夫亚美印刷有限公司印刷
2011 年 9 月第 1 版第 1 次印刷
184mm×260mm · 10.25 印张 · 3 插页 · 265 千字
0001— 3000 册
标准书号：ISBN 978 - 7 - 111 - 34560 - 2
定价：22.00 元

前　言

AutoCAD 是美国 Autodesk 公司推出的通用计算机辅助设计和绘图软件。随着 Auto-CAD 应用技术的普及，它在机械、建筑、轻工、服装、电子等行业得到了广泛应用，在建筑行业，AutoCAD 的应用已替代了手工绘图。

但 AtuoCAD 功能强大、命令繁多复杂，如不得其使用要领，把大量的时间和精力花费在学习众多不常用的绘图命令及选项上；虽然学会了很多命令的使用方法，却不能熟练地综合运用来解决建筑设计和绘图中的具体问题。

本书主要以 AutoCAD 2006 为媒介，在介绍常用工具的同时重点介绍建筑制图基础知识，并根据建筑绘图内容详细介绍了平、立、剖面图的绘制方法与步骤。通过实际案例结合建筑制图标准规范的使用让学生学习 AutoCAD 的应用，从单纯的学习命令操作转变到学习画图的概念与方法，来达到活学活用的目的。

参与本书编写的人员均具有多年的建筑设计经验及教学经验，并在编写过程中力求将这些经验与实践体会融入书中。本书由孙玲主编，编写人员及分工如下：第 1 章由卢秀梅、程敏编写，第 2~5 章由孙玲编写，第 6 章由崔英然编写，第 7 章、第 8 章由田喜编写，第 9 章由燕涛、倪宝静编写。

由于时间仓促且编者水平有限，书中难免有不当之处，恳请广大读者批评指正。

编　者

目 录

第1章 AutoCAD 的基础知识

本章主要讲解 AutoCAD 2006 的相关基础知识，其中包括 CAD 的文件操作、简单图形的绘制与编辑、绘图环境的设置等内容。通过对本章的学习，读者可以掌握在使用 CAD 进行建筑绘图前的一些必备知识，为以后应用 CAD 进行建筑绘图打下良好的基础。

◆ **本章要点：**
◆ AutoCAD 的基本功能和工作界面
◆ AutoCAD 的基本操作
◆ AutoCAD 的图形文件管理
◆ 坐标输入法
◆ 视图的缩放与平移
◆ 绘图环境的设置

1.1 AutoCAD 的基本功能和工作界面

AutoCAD 是世界领先的计算机辅助设计软件提供商 Autodesk 公司的产品，它开创了绘图和设计领域的一个新纪元，拥有数以百万计的用户群体。AutoCAD 广泛应用于机械、电子、土木、建筑、航空、航天、轻工、纺织等行业，多年来积累了无法估量的设计数据资源，受到了世界各地工程设计人员的青睐。

AutoCAD 2006 是目前各设计单位应用最广泛的版本。它扩展了 AutoCAD 以前版本的优势和特点，在用户界面、性能、操作、用户定制、协同设计、图形管理、产品数据管理等方面得到了进一步加强。AutoCAD 2006 简体中文版为中国的使用者提供了更高效、更直观的设计环境，并定制了与我国国标相符的样板图、字体、标注样式等，使得设计人员能更加得心应手地应用此软件。

提示：在我国众多的建筑和工程设计人员中，大多数是从学习 AutoCAD 开始接触 CAD 应用技术的。同时，国内的独立软件开发商和 AutoCAD 产品增值开发商，也相继开发了很多以 AutoCAD 为平台的建筑专业设计软件，如 ABD、天望、建筑之星 ArchStar、圆方、天正、华远 House 等。

1.1.1 AutoCAD 的基本功能

AutoCAD 是由美国 Autodesk 公司开发的通用 CAD（Computer Aided Design，计算机辅助设计）软件包，其主要功能是绘制平面图形和三维图形、标注图形尺寸、控制图形显示、渲染图形以及打印输出图纸（由于 AutoCAD 3D 部分在建筑施工图绘制中应用频率较低，因此不作为本书讲解内容）。

1. 绘图功能

在建筑制图中，AutoCAD 所带来的革命性不仅仅是取代了一些制图仪器，它的多种绘图工具、修改工具、编辑工具所带来的精确绘图也是手工绘图所不能比拟的。

2. 标注功能

建筑形体的投影图虽然已能清楚地表达形体的形状和各部分的相互关系，但还必须注上精确的尺寸，才能明确形体的实际大小和各部分的相对位置。

AutoCAD 的【标注】菜单中提供了一套完整的尺寸标注和编辑命令，使用这些命令可以在各个方向上为各类对象创建标注，也可以按一定格式创建符合行业或项目标准的标注。

AutoCAD 中提供有线性标注、半径标注、角度标注、坐标标注 4 种基本的标注类型，可实现水平标注、垂直标注、对齐标注、旋转标注、坐标标注、基线标注和连续标注。标注的对象既可以是平面图形，也可以是三维图形，如图 1-1 所示。

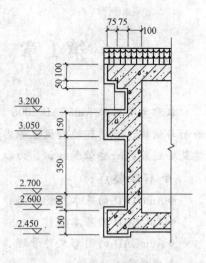

图 1-1 尺寸标注

3. 输出及打印功能

应用 AutoCAD 设计好图形之后，往往还需要通过绘图仪或打印机将其输出到图纸上，以使得设计者的意图在实际生产中得以实现。这时可以使用 AutoCAD 提供的打印命令，将当前图形文件以多种格式输出或打印。

在实际设计工作中，往往先利用打印机打印出小样图，在确认所绘的图形无误后，再利用绘图仪按一定比例绘制出所需要的图纸。

在 AutoCAD 2006 中，可以选择【文件】→【打印样式管理器】命令，打开【Plot Styles】窗口。在此窗口中列出了所有已安装的非系统打印机的配置文件，并给出了端口、光栅图形和矢量图形的质量、图形尺寸等信息，如图 1-2 所示。

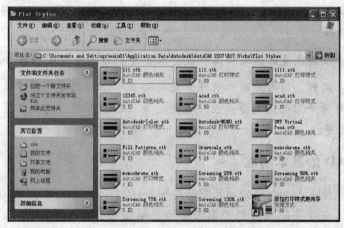

图 1-2 【Plot Styles】窗口

如果所显示的设置值满足要求，则可以直接输出而无须修改。如果有需要，用户也可以按要求修改默认的设置。

1.1.2　AutoCAD 的工作界面

在安装完中文版 AutoCAD 2006 之后，选择【开始】→【所有程序】→ Autodesk → Auto-CAD-2006-Simplified Chinese→AutoCAD 2006 命令，或者双击桌面上的快捷图标，均可启动 AutoCAD 2006 主窗口。

中文版 AutoCAD 2006 为用户提供了"AutoCAD 经典"和"三维建模"两种工作空间模式。对于习惯于 AutoCAD 传统界面的用户，可以采用"AutoCAD 经典"工作空间模式。AutoCAD 的工作界面与大多数 Windows 应用软件界面类似，主要由标题栏、菜单栏、工具栏、绘图区、命令提示与文本区、状态栏等元素组成，如图 1-3 所示。

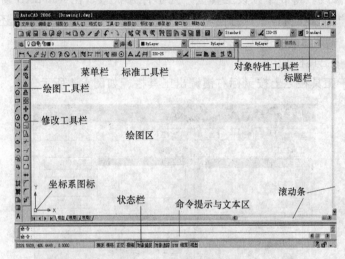

图 1-3　AutoCAD 2006 的工作界面

1. 标题栏

标题栏用于显示当前正在运行的程序名称以及此时应用程序打开的文件名称等信息。单击标题栏右侧的按钮▉▯▯☒，即可最小化、最大化或关闭程序窗口。

2. 菜单栏

菜单栏位于标题栏之下，主要由【文件】、【编辑】、【视图】、【插入】、【格式】、【工具】、【绘图】、【标注】、【修改】、【窗口】和【帮助】等主菜单项组成，几乎包含了 AutoCAD 2006 中的全部功能和命令。选择任意一个主菜单项都可以弹出下拉菜单，用户可以从中选择相应的命令进行操作。主要菜单功能如下。

【文件】：进行文件操作与管理的命令，如打开、存盘、打印、发送等。

【编辑】：对图形或文件进行复制、剪切、粘贴等操作。

【视图】：控制图形显示。

【插入】：嵌入或链接图形类命令。

【格式】：设定图形环境、格式及图元特性。

【工具】：调用绘图工具类命令。

【绘图】：调用绘制各种二维或三维图元类命令。

【标注】：用于尺寸标注。

【修改】：调用修改工具命令。

提示：命令后带有 ▶ 符号，表示此命令下还有子命令。

命令后带有快捷键，表示打开此菜单时，按下快捷键即可执行相应的命令。

命令呈现灰色，表示此命令在当前状态下不可使用。

3. 工具栏

在 AutoCAD 2006 中提供了几十个已命名的工具栏，利用这些工具栏可方便地实现各种操作，是代替菜单命令的另一种简便工具。每个工具栏分别包含数量不等的工具。

在系统默认状态下，AutoCAD 2006 的操作界面中将显示【标准】、【对象特性】、【绘图】、【样式】、【修改】等 5 个预设工具栏并处于打开状态。在 AutoCAD 窗口中工具栏以浮动方式放置，用户可以在窗口中任意拖动工具栏，将其放置在任意位置，还可以根据需要显示或隐藏工具栏，打开工具栏的途径有两种：

● 【视图】→【工具栏】。

● 把光标置于工具栏之上按鼠标右键调出工具栏，如图 1-4 所示。

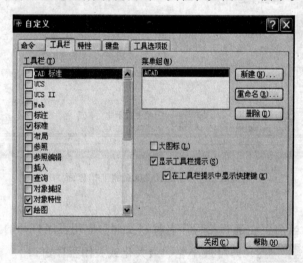

图 1-4   【工具栏】选项卡

（1）标准工具栏。利用工具栏来调用命令和进行操作是最直观、最方便的方法。因此，熟悉各个图标的含义非常重要，如图 1-5 所示。

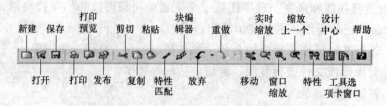

图 1-5   标准工具栏

（2）其他工具栏。AutoCAD 2006 的初始界面上除标准工具栏之外还有绘图工具栏、修剪工具栏以及控制图层、颜色、线型、文字等对象特性工具栏，如图 1-6 所示。在后面章节将具体介绍各工具栏的调用方式与操作方法。

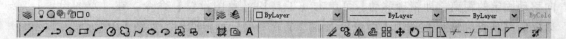

图 1-6　其他工具栏

4. 绘图区

绘图区是用来画图的虚拟图纸，用户所做的一切工作（如绘制图形、输入文本及进行尺寸标注等）均可在该窗口中得以体现。该窗口内的选项卡用于图形输出时模型空间"模型"和图纸空间"布局 1"（或"布局 2"）的切换。

绘图窗口左下方的 L 形箭头轮廓，是用户坐标系（UCS）图标，它指示了绘图的方位。三维绘图在很大程度上依赖于这个图标。图标上的"X"和"Y"指出了图形的 X 轴和 Y 轴方向，"W"说明用户正在使用的是世界坐标系（World Coordinate System）。

5. 滚动条

滚动条是标准的基本窗口操作，与其他软件中的滚动条作用相同。

6. 命令提示区

命令提示区显示操作信息，在命令提示符下直接输入命令便可进行操作。此区默认显示三行，区域的大小可改变，具体操作方法为：将光标移动到区域框边缘，此时光标变成上下箭头样式，单击鼠标左键不放，上下拖动。将光标指向命令行的左端，按住左键可以将它拖动到其他位置，成为浮动窗口，如图 1-7 所示。

当命令行处于浮动状态时，在其标题栏上右击并从弹出的菜单中选择【透明】命令，即可打开【透明】对话框，拖动其中的滑块可以设置窗口的透明度，如图 1-8 所示。当"透明级别"更多时，用户可以看到位于命令行窗口下面的图形。

图 1-7　命令行窗口

图 1-8　【透明】对话框

7. 状态栏

状态栏位于 AutoCAD 2006 主窗口的最底部，用来显示当前的状态或提示。状态栏左侧显示的即为十字光标当前的坐标位置，右侧则显示辅助绘图的几个功能按钮，如图 1-9 所示。

906.8352, 292.4401 , 0.0000　　捕捉　栅格　正交　极轴　对象捕捉　对象追踪　DYN　线宽　模型

图 1-9　状态栏

在状态栏上包含了【捕捉】、【栅格】、【正交】、【极轴】、【对象捕捉】、【对象追踪】、【DYN】、【线宽】、【模型】或【图纸】等 9 个功能按钮，单击一次这些功能按钮，将切换一次状态。状态栏中各项的功能如下。

【捕捉】：开启或关闭捕捉功能。打开捕捉设置之后，光标只能在 X 轴、Y 轴或极轴方向移动固定的距离，即精确移动。可单击【工具】→【草图设置】命令，在【草图设置】对话框的【捕捉和栅格】选项卡中设置 X 轴、Y 轴和极轴捕捉间距，如图 1-10 所示。

【栅格】：激活栅格显示功能后屏幕上将会布满小点。其中，栅格的 X 轴和 Y 轴间距也可通过【草图设置】对话框的【捕捉和栅格】选项卡进行设置。

【正交】：激活正交模式之后将只能绘制垂直直线或水平直线。

【极轴】：激活极轴追踪模式之后，在绘制图形时将根据设置显示一条追踪线，用户可在该追踪线上根据提示精确移动光标，从而进行精确绘图。默认情况下，系统预设有 4 个极轴，即与 X 轴的夹角分别为 0°、90°、180°、270°（即角度增量为 90°）。使用【草图设置】对话框中的【极轴追踪】选项卡即可设置不同的角度增量，如图 1-11 所示。

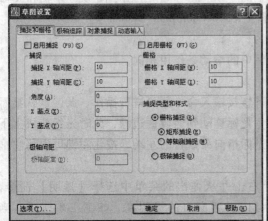 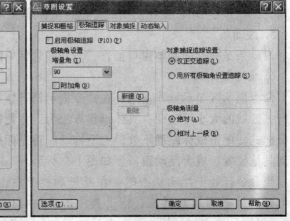

图 1-10　【捕捉和栅格】选项卡　　　　　图 1-11　【极轴追踪】选项卡

【对象捕捉】：利用对象捕捉功能可自动捕捉决定几何对象形状和方位的关键点。在【草图设置】对话框的【对象捕捉】选项卡中可设置对象捕捉模式。

【对象追踪】：通过捕捉对象上的关键点并沿正交方向或极轴方向拖动光标，即可显示光标当前位置与捕捉点之间的相对关系。找到符合要求的点后直接单击即可。

【线宽】：在绘图时如果为图层和所绘图形设置了不同线宽，即可激活【线宽】命令，在屏幕上显示线宽，以显示各种不同线宽的对象。

图 1-12　状态栏菜单

【模型】或【图纸】：此按钮可实现在模型空间和图纸空间进行切换。处于模型空间时，用户可以对图形进行编辑操作；处于图纸空间时，不能对图形进行编辑。

单击状态栏最右端的■按钮即可弹出一个如图 1-12 所示的状态栏菜单。选择【状态托盘设置】命令，即可打开【状态托盘设置】对话框，如图 1-13 所示。如果选中【显示服务图标】复选框，则可以在状态栏上显示【通信中心】图标。

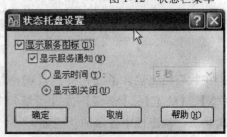

图 1-13　【状态托盘设置】对话框

1.2　AutoCAD 的基本操作

1.2.1　鼠标和键盘操作

1. 鼠标的操作

鼠标是用户和 AutoCAD 进行信息交流
的重要工具，它是进行绘图、编辑的主要
工具。灵活使用鼠标是加快绘图速度、提
高作图质量的前提。

当用户移动鼠标时，屏幕上的鼠标光
标也随之改变位置，状态行上坐标值同时
迅速反映着它的变化。通常光标显示为一
个短十字光标，但在不同的应用场合光标
的形状也呈现多种变化，如图 1-14 所示。

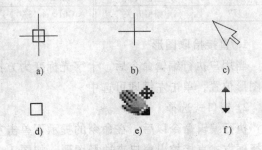

图 1-14　光标的形状及其作用

a）正常显示状态　b）选择工具后的状态 c）　选择状态
d）利用编辑工具选择目标时　e）平移　f）调整大小时

鼠标一般有左右两个键。通常左键用
作"操作"；右键用作"回车"。

（1）单击左键：单击左键通常用来执行如下命令。

1）选择工具命令。

2）选择图形。

3）切换开关按钮的状态。

4）输入十字光标所在点的坐标。

5）打开下拉菜单、下拉列表。

6）与滚动条配合移动绘图区或其他区域。

（2）单击右键：①单击右键相当于按回车键，②在执行命令中结束选择目标操作，
③激活快捷菜单。

（3）双击左键：双击左键可实现打开文件或程序等操作。

（4）拖动：①把光标移至工具栏或对话框标题栏，按住左键并拖动，可将工具栏或对
话框移动到新位置。②与滚动条配合移动绘图区或其他区域。

（5）转动滚轮：将鼠标放在绘图区某一点，转动滚轮，图形显示将以该点为中心放大
或缩小。

2. 键盘操作

在 AutoCAD 中结合键盘按键输入命令是一种常见的方式，它可以提高作图效率。其最
基本的方式之一就是在输入命令后按回车键或空格键。取消命令则使用 < Esc > 键。其中快
捷键的名称与功能如表 1-1 所示。

1.2.2　图形的选择

在 AutoCAD 中掌握快速选择图形的方法有利于提高作图效率，其中主要选择方法有以
下几种。

表 1-1　快捷键的名称与功能

名称	功能	名称	功能	名称	功能
F1	帮助	F8	正交开关	< Ctrl > + "Z"	撤销上一步操作
F2	打开文本窗口	F9	捕捉	< Ctrl > + "Y"	重做撤销操作
F3	对象捕捉	F10	极轴	< Ctrl > + "C"	复制
F4	数字化仪开关	F11	对象跟踪	< Ctrl > + "V"	粘贴
F5	等轴侧平面转换	< Ctrl > + "N"	新建文件	Del	删除
F6	坐标转换	< Ctrl > + "O"	打开文件		
F7	栅格开关	< Ctrl > + "S"	保存		

1. 直接拾取图形

当用户执行编辑命令后，十字光标变为方框形式，方框被称为拾取框。将拾取框移至需选图形位置，单击左键即可选中。

2. 窗口式选择

执行编辑命令以后，在命令的提示下单击左键选择第一对角点，以左上右下的实线矩形选择框方式直接拉出窗口来选择图形。如图 1-15 所示。只有完全包含在选择框内的图形才会被选中。

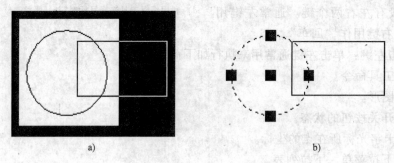

图 1-15　窗口式选择方式
a）框选范围　b）被选中的图形

3. 交叉式选择

执行编辑命令以后，在命令的提示下单击左键选择第一对角点，以右上左下的虚线矩形选择框方式直接拉出窗口来选择图形。如图 1-16 所示。不同于窗口式选择的是，不止完全包含在选择框内的图形被选中，与窗口边界相交的图形也被选中。

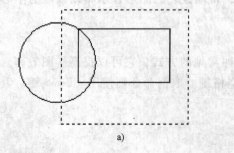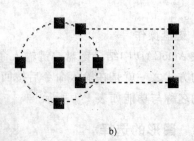

图 1-16　交叉式选择方式
a）框选范围　b）被选中的图形

4. 栏选方式

执行编辑命令以后，在命令行输入 F 后按回车键，使用不封闭的彼此相交的折线进行栏选。结果如图 1-17 所示，凡与折线相交的图形都被选中。

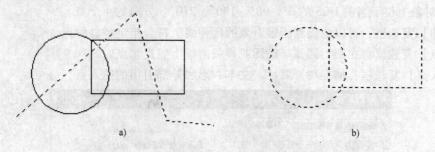

图 1-17　栏选方式

a）栏选范围　b）被选中的图形

1.2.3　绘图辅助工具的设置

为了绘制精确的图形满足工程绘图要求，AutoCAD 提供了【栅格】、【正交】、【对象捕捉】画图辅助工具，其功能、设置方法与调用方法如下。

（1）【正交】：绘制垂直直线或水平直线。

调用方法如下

●状态栏：正交

●快捷键 F8

（2）【栅格】：绘图时的视觉参考。

调用方法如下：

●状态栏：栅格

●快捷键 F7

（3）【对象捕捉】：在画图的过程中经常需要利用已画出的图形的端点、交点或中点等几何特征点绘制新图形。Auto CAD 提供了对象捕捉功能可以准确地捕捉到这些点，从而大大提高作图的准确性与速度。

调用方法如下：

●状态栏：对象捕捉

●快捷键 F3

AutoCAD2006 提供了 13 种捕捉方式，常用的有 10 种，捕捉方式的调用方法如下：

●【工具】→【草图设置】→【对象捕捉】

●对象捕捉→单击右键→【设置】，如图 1-18 所示

（4）对象捕捉模式：主要对象捕捉模式的含义如下。

【端点】复选框：捕捉各形体的端点或角点。

【中点】复选框：捕捉各形体的中间点。

【圆心】复选框：捕捉圆、圆弧、圆环等的中心，要注意光标必须覆盖在轮廓线上。

【交点】复选框：捕捉两个相交对象的交点。

【节点】复选框：用来捕捉实体或节点，使用时需将靶区放在节点上。

【垂足】复选框：捕捉从预选点到所选择对象做垂线的垂足。

【象限点】复选框：捕捉圆、圆弧、圆环、椭圆等的象限点。象限点是以对象的中心点为原点，对象上位于当前 UCS 的 0°、90°、180°、270°。方向的 4 个点。

【延伸】复选框：可以捕捉到指定对象的延伸线上符合指定条件的点。

【切点】复选框：在圆、圆弧、椭圆或样条曲线上捕捉切点。

【插入点】复选框：捕捉块、属性、文本、形和外部引用的插入点。

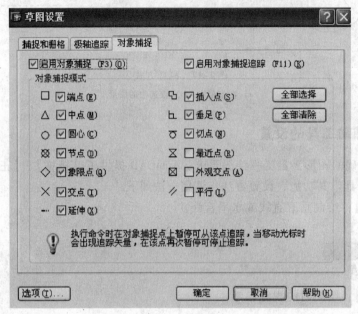

图 1-18　　【对象捕捉】选项卡

1.3　AutoCAD 的图形文件管理

在正式创建和绘制图形之前，要了解 AutoCAD 2006 中关于对图形文件的一些相关操作方式，如图形文件的建立、打开和保存等。

1.3.1　新建图形文件

1. 功能

新建图形文件为创建新图形设定初始环境。

2. 调用方法

●下拉菜单：【文件】→【新建】

●标准工具栏【新建】

●命令行 new ↙

执行命令激活【创建新图形】对话框，对话框列出了所有可供使用的样板文件，供用户选择，如图 1-19 所示。用户可以利用样板文件创建新图形。

图 1-19　选择样板

1.3.2　打开已有图形文件

打开已有图形文件的调用方法如下：

● 下拉菜单：【文件】→【打开】

● 标准工具栏：【打开】

● 命令行：open ↙

执行命令后，弹出【选择文件】对话框，如图 1-20 所示。在对话框内双击所需文件即可打开。

图 1-20　【选择文件】对话框

1.3.3　保存文件

使用电脑绘图，必须牢记存盘，以免由于死机、断电等情况造成损失。

1. 功能

保存文件的功能是将图形以当前名字或指定名字存盘。

2. 调用方法

●下拉菜单：【文件】→【保存】

●标准工具栏：【保存】

●命令行：＜Ctrl＞+s↙

1.4　坐标输入法

1.4.1　用户坐标系

AutoCAD 系统为用户提供了两种坐标系统：世界坐标系（WCS）和用户坐标系（UCS）。

1. 通用坐标系（默认坐标系）

通用坐标系也称为世界坐标系。它的 X 轴、Y 轴、Z 轴方向是固定的，即 X 轴为水平线；Y 轴为铅锤线；Z 轴垂直于屏幕并指向观察者。坐标原点默认位于屏幕左下角。

2. 用户坐标系

用户可根据需要建立自定义坐标以方便绘图。在默认情况下，用户坐标系和世界坐标系重合。

1.4.2　坐标的输入方式

坐标点数值的输入，是 AutoCAD 用来精确控制尺寸的方法。坐标输入方式包括：绝对坐标；相对坐标；鼠标或数字化仪光标直接在屏幕上选择点。

1. 绝对坐标

绝对坐标是指独立的坐标点，通常是一条线段或弧段的第一点。绝对坐标包括直角坐标和极轴坐标两种。

（1）绝对直角坐标：绝对直角坐标输入的点坐标值都是相对于坐标系原点的位置而确定的。

例如，在二维图中表示为（100，50），其中 100 为 X 轴方向距离，50 为 Y 轴方向距离。

（2）绝对极轴坐标：在二维图形中，绝对极轴坐标标出的是原点与该点的距离及两点连线与 X 轴的夹角。

绝对极轴坐标的表示方法：距离＜角度，例如"25＜45"。

2. 相对坐标

相对坐标是相对上一坐标点而言的。当需要精确的点时，相对坐标是最常使用的输入方法。相对坐标包括相对直角坐标和相对极轴坐标。

（1）相对直角坐标：相对直角坐标的前面要加"@"号。

例如，在二维图中的表示方法为"@100，50"，表示新点相对于前一个点沿 X 轴正向偏移 100mm，沿 Y 轴正向偏移 50mm。

（2）相对极轴坐标：相对极轴坐标是相对于前一个输入点的极轴坐标。

例如，在二维图中的表示方法为"@100＜50"，表示两点距离为 100mm，两点连线与 X 轴的夹角为 50°。

1.4.3　命令输入法

输入命令的方法包括键盘输入命令，即从键盘输入命令，然后按＜Enter＞键或空格键；菜单调用命令；工具栏调用命令；快捷键输入命令。

1.5　视图的缩放与平移

为了便于观察所绘图形的各个部位，AutoCAD 提供了控制画面缩放和平移的命令，其中【视图缩放】命令、【平移图形】命令为常用命令。

1.5.1　视图缩放（Z）

【视图缩放】命令用于放大或缩小当前窗口中的图形，而图形实际尺寸不变。其各选项的含义如表 1-2 所示。

表 1-2　视图缩放各选项名称及其含义

选项名称	使用状态	含　　义
实时缩放	常用	直接在图上拖拉缩放，现已用鼠标滚轮代替
缩放上一个	常用	回至上一个界面
窗口缩放	常用	以矩形窗口方式放大图形
动态缩放	较少	提供动态的缩放图形尺寸
比例缩放	一般	按比例系数来缩放
中心缩放	较少	以屏幕上所看到的中心及高度来进行缩放
全部缩放	常用	显示全部图形
范围缩放	常用	显示目前所画的图形，使其以最大方式充满屏幕

【调用方法】如下：

● 【视图】→【缩放】→下级子菜单

● 标准工具栏：如图 1-21 所示

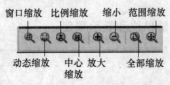

图 1-21　缩放工具栏

● 命令行：Z↙

命令行：Z↙

指定窗口角点,输入比例因子（nX 或 nXP）,或[全部（A）/中心点（C）/动态（D）/范围（E）/上一个（P）/比例（S）/窗口（W）]＜实时＞：

1.5.2 画面平移（P）

使用 AutoCAD 绘制图形时，图面位置可随意移动。运行时，按住鼠标中键不放，随意拉动鼠标，即可平移整张图面。

调用方法如下：
● 按住鼠标中键拖动
●【视图】→【平移】
● 工具栏：
● 命令行：P ✓

1.6 绘图环境的设置

1.6.1 设置绘图界限及单位

启动 AutoCAD 时已经有了初步的绘图环境，但并不能满足用户的要求，这就需要用户对绘图环境进行设置。

1. 图形界限设置

图形界限设置是指通过设定屏幕绘图区的左下角和右上角坐标来设置绘图区域，相当于选择所用图纸的图幅大小。

调用方法有以下 2 种：
● 菜单栏：【格式】→【图形界限】
● 命令行：limits ✓

命令：limits ✓

重新设置模型空间界限：

指定左下角点或［开（ON）/关（OFF）］＜0.0000,0.0000＞：

开（ON）：打开图形界限检查，则不能输入界限外的点。
关（OFF）：关闭图形界限检查，则可以在界限外绘图（默认设置）。

指定右上角点 ＜420.0000,297.0000＞：✓

也可输入一个新坐标以确定绘图界限的右上角位置。

2. 单位设置

单位设置是指设置绘图长度和角度的度量单位和显示精度。

调用方法有以下 2 种：
● 菜单栏【格式】→【图形界限】
● 命令行：units ✓

激活命令后弹出【图形单位】对话框。具体设置：精度选择"0"；单位选择"毫米"，如图 1-22 所示。

1.6.2 系统环境的设置

绘图之前，有一些系统环境设置是很重要的，且必须先设置好。

调用方法如下：

● 菜单栏→【工具】→【选项】

【选项】中包括 9 个选项卡，如图 1-23 所示。主要介绍【显示】选项卡和【用户系统配置】选项卡。

1.【显示】选项卡

【显示】选项卡用于设置 AutoCAD 界面及显示精度，如图 1-24 所示。

（1）单击【窗口元素】中的【颜色选项】下的【颜色】，可改变窗口背景色，如图 1-25 所示。

（2）移动【十字光标大小】选项下的滑块可改变十字光标的大小，如图 1-26 所示。

2.【用户系统配置】选项卡

用户系统配置是指用户按习惯和需要对系统进行配置，如图 1-27 所示。

图 1-22　【图形单位】对话框

图 1-23　【选项】对话框中的选项卡

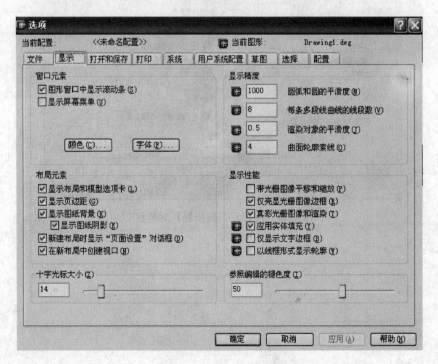

图 1-24　【显示】选项卡

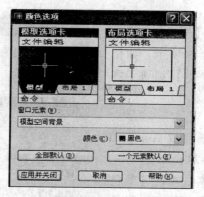

图 1-25 【颜色选项】对话框

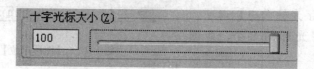

图 1-26 调节十字光标大小

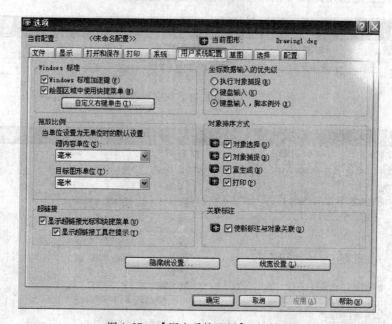

图 1-27 【用户系统配置】对话框

第2章 绘图命令与编辑命令

无论多么复杂的图形，都是由基本图形元素组合而成的。这些图形元素包括直线、圆、圆弧、点等。AutoCAD中设置了绘制图形的基本绘图命令和修改编辑命令。熟练掌握绘图与编辑命令的使用方法，是绘制图形的基础。

◆ **本章要点：**
- ◆ 绘图命令
- ◆ 块定义
- ◆ 编辑命令

2.1 绘图命令

绘图命令包括点工具、线性工具、编辑和绘制多线命令、绘制多段线命令、绘制矩形和多边形命令、曲线工具以及图案填充命令。

2.1.1 点工具

点是一种图形实体，它可作为辅助性工具。例如对象捕捉的参考点，测量某根线时的分点。

画点前应设置好点的样式和大小，然后再指定点的位置。

1. 设置点命令（DDPTYPE）

设置点命令主要是指设置点的样式及大小。

调用方法如下：

- ●菜单栏：【格式】→【点样式】
- ●命令行：DDPTYPE ✓

【点样式】对话框如图2-1所示。对话框中提供了20种点样式，选择点样式后在【点大小】文本框里设置点大小。

2. 画点命令（POINT）

画点命令的调用方法如下：

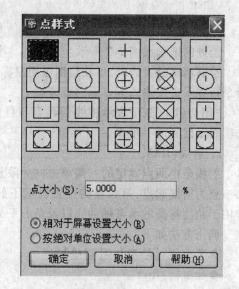

图2-1 【点样式】对话框

- ●菜单栏：【绘图】→【点】→【单点】（或【多点】、【定数等分点】、【定距等分点】）
- ●工具栏： ·
- ●命令行：POINT ✓

命令：POINT ✓

当前点模式： PDMODE = 2　PDSIZE = -10

指定点：

📢提示：【设置点】命令和【定数等分点】、【定距等分点】命令配合，可以清楚地表示出定位点的位置。

2.1.2　线性工具

在建筑绘图中，直线、射线、构造线都是最基本的线性对象。直线常用来绘制轮廓线；射线、构造线则经常被用作绘制辅助线。

1. 直线（L）

在 AutoCAD 中可绘制指定长度的二维或三维直线段和折线段，结合输入法可控制线段的精度。

调用方法如下：

● 菜单栏：【绘图】→【直线】

● 工具栏：▱

● 命令行：L↙

> 命令:L↙
> LINE 指定第一点：
> 指定下一点或［放弃(U)］:＜正交 开＞50
> 指定下一点或［放弃(U)］:60
> 指定下一点或［闭合(C)/放弃(U)］:C↙

绘制的图形如图 2-2 所示。

绘制精确的直线时，可在绘图区用鼠标任意确立第一点，然后根据命令行提示直接输入下一点的距离。

"闭合(C)"选项表示将线的起点与目前终点连起来；"放弃(U)"选项表示回到前一步骤。

2. 射线（RAY）

射线是由两点确定的一条单方向无限长的线性图形。其中指定的第一点为射线起点，第二点的位置决定了射线的延伸方向。该工具经常用于绘制标高的参考辅助线以及角的平分线。

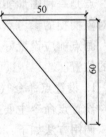

图 2-2　画直线

调用方法如下：

● 菜单栏：【绘图】→【射线】

● 命令行：RAY↙

📢提示：①射线多做辅助线，应使用不同的颜色并把它们置于一个特设的图层，以便分辨以及对该层进行处理。②可使用【修剪】命令把多余射线进行剪除，使它变为线段。

3. 构造线（XLINE）

构造线是由两点确定的两端无限长的直线。其主要作用是作为绘图时的辅助线，如用于绘制墙体的轴线，以及水平线、竖直线、任意角度线、角平分线和偏移线。

调用方法如下：

● 菜单栏：【绘图】→【构造线】

● 工具栏：▱

● 命令行：XLINE ✓

命令：XLINE ✓
指定点或［水平（H）/垂直（V）/角度（A）/二等分（B）/偏移（O）］：
指定通过点：
指定通过点：

2.1.3 编辑和绘制多线

1. 设置多线样式（mlstyle）

多线是一种复合型的对象，它由 1 ~ 16 条平行线（称为元素）构成，因此也叫多重平行线。多线可具有不同的样式，在创建新图形时，AutoCAD 自动创建一个标准多线样式作为默认值，用户可通过控制多线的数目、对齐方式、比例、线型和是否封口等属性，定义新的多线样式。

调用方法如下：

● 菜单栏：【格式】→【多线样式】

● 命令行：mlstyle ✓

调用该命令后，弹出【多线样式】对话框，如图 2-3 所示。

图 2-3 【多线样式】对话框

该对话框中各按钮的主要作用包括如下。

【置为当前】：单击此按钮可选择一种样式作为当前样式。

【新建】：单击此按钮可设置所需多线样式。

【修改】：单击此按钮可对多线样式进行修改。

【加载】：单击此按钮可从多线样式文件中加载多线样式。

【保存】：单击此按钮可将当前多线样式以文件的形式（扩展名为".mln"）保存在磁盘中。

【删除】：单击此按钮可以将指定名称的多线样式从列表中删除。

【重命名】：单击此按钮可对指定的多线样式重新命名。

【预览】：对话框中部显示了当前多线样式的预览图像。

以设置墙线为例说明设置多线样式的步骤。

（1）在【多线样式】对话框中单击【新建】按钮，在【新样式名】编辑框中输入"墙线"，如图 2-4 所示，然后单击【继续】按钮，弹出的对话框，如图 2-5 所示。

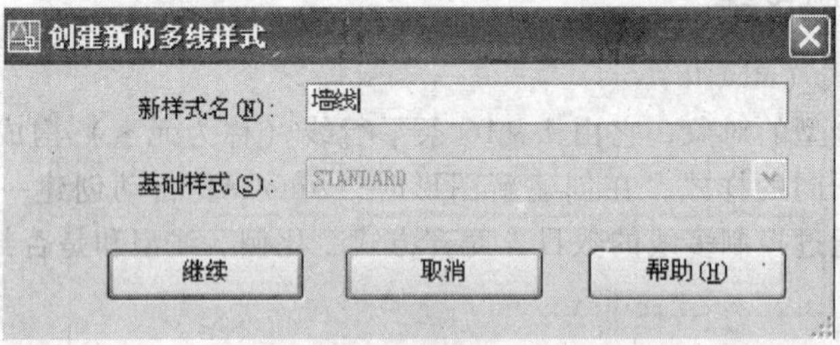

图 2-4　添加样式

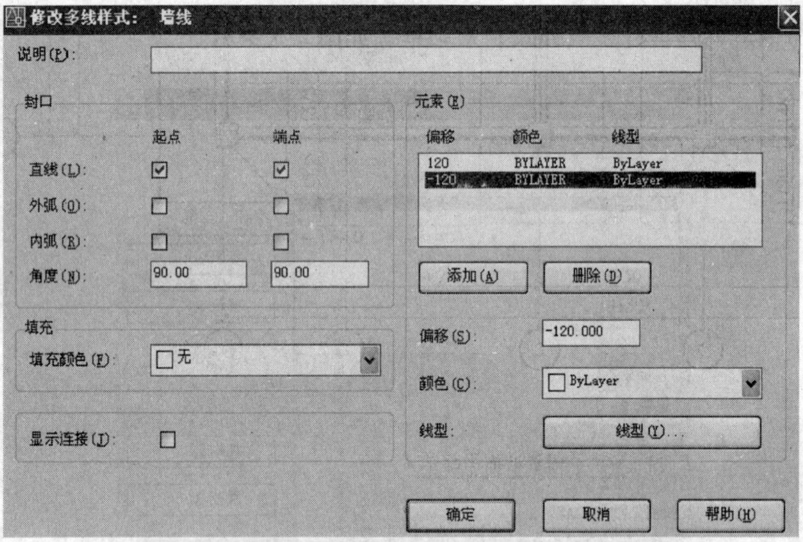

图 2-5　元素特性对话框

（2）在图 2-5 所示对话框中，用户可分别设置组成多线的各条平行线的特性，包括偏移、颜色和线型等。在【封口】中选多线所需的【直线】封口样式，在【元素】中单击【偏移】可设置多线将其由 0.5 改为 120；再选择第二项，将其由-0.5 改为-120。保持其他项不变，单击【确定】按钮返回【多线样式】对话框。

（3）从预览框中查看多线样式，单击【置为当前】→【确定】，240mm 厚墙线样式设置完成，如图 2-6 所示。

2. 绘制多线（ML）

调用方法如下：

●菜单栏：【绘图】→【多线】

●命令行：ML↙

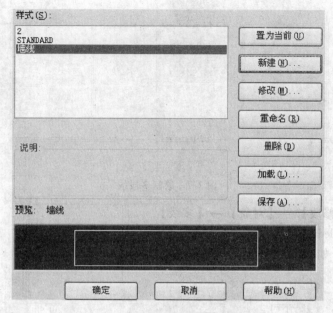

图 2-6　设置完成多线对话框

命令:ML ↙
当前设置:对正 = 上,比例 = 20,样式 = 墙线
指定起点或 [对正(J)/比例(S)/样式(ST)]:j ↙(设置基准对正的位置)
输入对正类型 [上(T)/无(Z)/下(B)] <上>:z ↙

上：以最顶端多线为基准绘制多线。
无：以多线的中心（偏移值为 0）为准绘制多线。
下：以下端多线为基准绘制多线。

当前设置:对正 = 无,比例 = 20,样式 = 墙线
指定起点或 [对正(J)/比例(S)/样式(ST)]:s ↙

比例：指定多线的全局宽度比例因子。这个比例只改变多线中每个图素之间的宽度,而不影响多线的线型比例。
样式：指定多线的样式。

输入多线比例 <1.00>:
当前设置:对正 = 无,比例 = 1,样式 = 墙线
指定下一点:<正交　开>
指定下一点或 [放弃(U)]:
指定下一点或 [闭合(C)/放弃(U)]: ↙

利用以上步骤绘制的图形如图 2-7 所示。

提示：绘制多线时注意比例设置,系统默认比例为 20 要改为 1。

3. 编辑多线
调用方法如下:

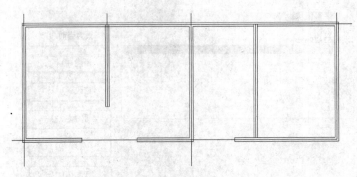

图 2-7　绘制多段线

●菜单栏：【修改】→【对象】→【多线】

●命令行：mledit ⤶

打开对话框，如图 2-8 所示。

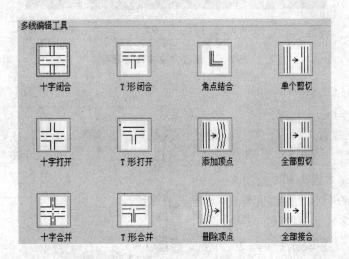

图 2-8　【多线编辑工具】对话框

　　该对话框以四列显示样例图像。第一列处理十字交叉的多线；第二列处理 T 形相交的多线；第三列处理角点连接和顶点；第四列处理多线的剪切或接合。

　　以【十字闭合】编辑工具为例进行介绍。

　　（1）选择 ╪ 样例图像。

　　（2）AutoCAD 显示以下提示：

选择第一条多线：

选择第二条多线：

选择第一条多线或 [放弃(U)]：⤶

编辑效果如图 2-9 所示。

2.1.4　绘制多段线（PL）

　　多段线是 AutoCAD 绘图中比较常用的一种实体。通过绘制多段线，可以得到一个由若

选定第一条多线　　　　　选定第二条多线　　　　　　　结果

图 2-9　【十字闭合】编辑

干直线和圆弧连接而成的折线或曲线，而且无论这条多段线中包含多少条直线或弧，整条多段线都是一个实体，可以统一对其进行编辑。另外，多段线中各段线条还可以有不同的线宽，这对于制图非常有利。

调用方法如下：

● 【绘图】→【多段线】

● 工具栏：

● 命令行：PL ✓

以绘制箭头为例，对绘图步骤进行介绍。

命令：PL　✓

指定起点：

当前线宽为 0.0000

指定下一个点或 ［圆弧（A）/半宽（H）/长度（L）/放弃（U）/宽度（W）］：

圆弧：可以画圆弧方式的多线段。

半宽：将多段线的宽度减半。

长度：定义下一段多段线的长度。

放弃：取消刚刚绘制的一段多段线。

宽度：该选项用来设置多段线的宽度值。

闭合：与起点连接成一个封闭的图形。

指定下一点或 ［圆弧（A）/闭合（C）/半宽（H）/长度（L）/放弃（U）/宽度（W）］：w ✓

指定起点宽度 < 0.0000 >：3 ✓

指定端点宽度 < 3.0000 >：0 ✓

指定下一点或 ［圆弧（A）/闭合（C）/半宽（H）/长度（L）/放弃（U）/宽度（W）］：L ✓

指定下一点或 ［圆弧（A）/闭合（C）/半宽（H）/长度（L）/放弃（U）/宽度（W）］：15 ✓

指定下一点或 ［圆弧（A）/闭合（C）/半宽（H）/长度（L）/放弃（U）/宽度（W）］：✓

绘制出的图形如图 2-10 所示。

2.1.5　绘制矩形和多边形

1. 矩形（REC）

绘制矩形只需先后确定矩形对角线上的两个点的位置，可以通过十字鼠标指针直接在屏幕上点取，也可输入坐标。

图 2-10　箭头

调用方法如下：

● 【绘图】→【矩形】

● 工具栏：▱

● 命令行：REC ↙

以绘制长 60 宽 30 的矩形为例介绍绘图步骤。

命令：REC ↙

指定第一个角点或［倒角（C）/标高（E）/圆角（F）/厚度（T）/宽度（W）]：c ↙

第一个角点：确定矩形第 1 个角点。

倒角：设置矩形四角的倒角及倒角大小。

标高：确定矩形在三维空间内的基面高度。

圆角：设置矩形四角为圆角及其半径大小。

厚度：设置矩形厚度，即 Z 轴方向的高度。

宽度：设置线条宽度。

指定矩形的第一个倒角距离 ＜0.0000＞：5 ↙

指定矩形的第二个倒角距离 ＜5.0000＞：↙

指定第一个角点或［倒角（C）/标高（E）/圆角（F）/厚度（T）/宽度（W）]：

指定另一个角点或 ［面积（A）/尺寸（D）/旋转（R）]：@60,30 ↙

命令：REC。↙

当前矩形模式： 倒角 ＝5.0000 ×5.0000

指定第一个角点或［倒角（C）/标高（E）/圆角（F）/厚度（T）/宽度（W）]：c ↙

指定矩形的第一个倒角距离 ＜5.0000＞：0 ↙

指定矩形的第二个倒角距离 ＜5.0000＞：0 ↙

指定第一个角点或［倒角（C）/标高（E）/圆角（F）/厚度（T）/宽度（W）]：w ↙

指定矩形的线宽 ＜0.0000＞：2 ↙

指定第一个角点或［倒角（C）/标高（E）/圆角（F）/厚度（T）/宽度（W）]：

指定另一个角点或［面积（A）/尺寸（D）/旋转（R）]：@60,30 ↙

绘制的图形如图 2-11 所示。

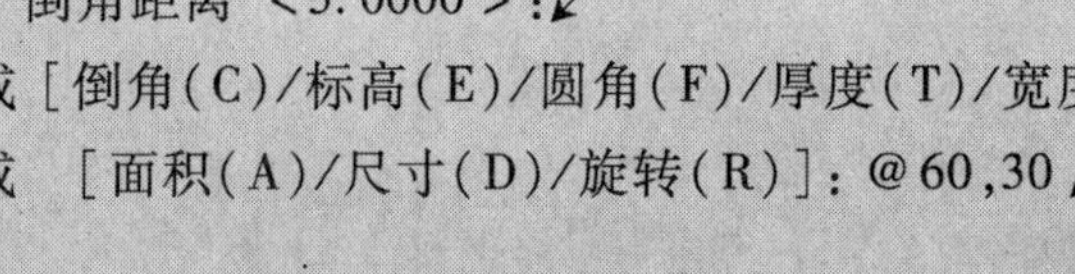

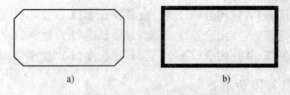

a)   b)

图 2-11　绘制矩形

a）第一个 REC 命令　b）第二个 REC 命令

📢提示：矩形的 4 条边是一条复合线，不能单独编辑。若要使其各边成为单一直线分别进行编辑，需使用【分解】命令，此命令将在"编辑命令"一节介绍。

2. 多边形（POL）

多边形是由最少 3 条至多 1024 条长度相等的边组成的封闭多段线。绘制多边形的默认方式是指定多边形的中心以及从中心点到每个顶角点的距离，以便整个多边形位于一个虚构的圆中（即为内接多边形）。另外，可以绘制一个多边形，其每条边的中点在一个虚构的圆中（即为外切多边形），或是用指定多边形一条边的起点和端点（即长度）的方法绘制多边形。

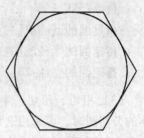

图 2-12　外切多边形

调用方法如下：

● 【绘图】 → 【多边形】

● 工具栏：

● 命令行：POL ↙

（1）外切法绘制多边形，如图 2-12 所示。

```
命令行:POL ↙
POLYGON 输入边的数目 <4>:6 ↙
指定正多边形的中心点或 [边(E)]:↙
指定正多边形的中心点或 [边(E)]:↙
输入选项 [内接于圆(I)/外切于圆(C)] <I>:C ↙
指定圆的半径:<正交 开> 10 ↙
```

（2）根据边长绘制多边形，如图 2-13 所示。

```
命令:POL ↙
POLYGON 输入边的数目 <6>:↙
指定正多边形的中心点或 [边(E)]:E ↙
指定边的第一个端点:
指定边的第二个端点:10 ↙
```

2.1.6　曲线工具

1. 圆（C）

圆是工程绘图中另一种常见的工具，它可以用来绘制轴圈、柱等。AutoCAD 提供了 6 种画圆方式，这些方式是由圆心、半径、直径和圆上的点等参数来控制的。

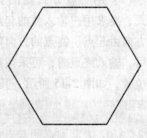

调用方法如下：

● 【绘图】 → 【圆】

● 工具栏：

● 命令行：C ↙

图 2-13　由边长确定多边形

（1）用圆心和半径方式画圆。这种方式要求用户输入圆心和半径，具体操作步骤如下。

```
命令行:C ↙
指定圆的圆心或 [三点(3P)/两点(2P)/相切、相切、半径(T)]:↙
指定圆的半径或 [直径(D)] <8.6603>:10 ↙
```

（2）用圆心和直径方式画圆。这种方式要求用户输入圆心和直径，该方式的具体操作步骤如下。

命令行：C↙
指定圆的圆心或［三点（3P）/两点（2P）/相切、相切、半径（T）］：
指定圆的半径或［直径（D）］：D↙
指定圆的直径：20↙

（3）相切、相切、半径方式。当需要画两个实体的公切圆时，可采用这种方式。该方式要求用户确定和公切圆相切的两个实体以及公切圆的半径，如图2-14 所示。

命令行：C↙
指定对象与圆的第一个切点：
指定对象与圆的第二个切点：
指定圆的半径＜当前值＞：

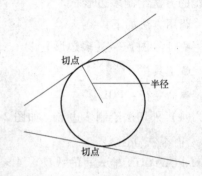

图 2-14　相切、相切、半径方式画圆

📢提示：采用 TTR 方式画公切圆时，通常要使用自动捕捉相切点的方法分别捕捉两个实体与要画的公切圆的相切点。

2. 圆弧（A）

圆弧是圆的一部分，有自己的起点、端点、包角。AutoCAD 提供了 11 种绘制圆弧的方法，这里主要介绍 3 种方法。

调用方法如下：

●【绘图】→【圆弧】

●工具栏：

●命令行：ARC↙

（1）用三点方式画圆弧。三点画圆弧（3P）方式，要求用户输入弧的起点、第 2 点和终点。弧的方向由起点、终点的方向确定，顺时针或逆时针均可。输入终点时，可采用拖动方式将弧拖至所需的位置，如图 2-15 所示，其具体步骤如下。

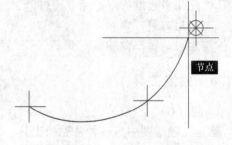

图 2-15　三点方式画圆弧

命令：A↙
ARC 指定圆弧的起点或［圆心（C）］：
指定圆弧的第二个点或［圆心（C）/端点（E）］：
指定圆弧的端点：

（2）起点、圆心、端点方式画圆弧。当已知弧的起点、圆心和端点时，可选择这种方式画圆弧。给出弧的起点和圆心之后，弧的半径就可以确定，端点只决定弧的长度。端点和圆心的连线是弧长的截止点。输入起点和圆心后，圆心至鼠标指针的连线将动态拖动弧以达到合适位置。如图 2-16 所示的图形表明了起点、圆心和端点的位置关系。

命令：ARC ↙
指定圆弧的起点或［圆心（C）］（指定起点）：
指定圆弧的第二个点或［圆心（C）/端点（E）］：C ↙
指定圆弧的圆心：
指定圆弧的端点或［角度（A）/弦长（L）］：

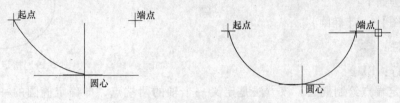

图 2-16　起点、圆心、端点方式画圆弧

（3）起点、端点、半径方式画圆弧。使用起点、端点、半径方式画圆弧，用户只能沿逆时针方向画圆弧。若半径值为正，则得到起点和终点之间的短弧；反之，则得到长弧，如图 2-17 所示。

命令：ARC ↙
指定圆弧的起点或［圆心（C）］：
指定圆弧的第二个点或［圆心（C）/端点（E）］：E ↙
指定圆弧的端点：
指定圆弧的圆心或［角度（A）/方向（D）/半径（R）］：R ↙
指定圆弧的半径：100 ↙

3. 绘制圆环（DO）

AutoCAD 提供的绘制圆环的命令，主要用于三维建模。绘制圆环时，只需指定内径和外径，便可连续选取圆心，绘出多个圆环，如图 2-18 所示。

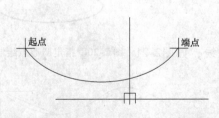

图 2-17　起点、端点、半径方式画圆弧

图 2-18　绘制圆环

调用方法如下：
● 【绘图】→【圆环】
● 命令行：DO ↙

命令：DO ↙
指定圆环的内径 ＜10.0000＞：15 ↙
指定圆环的外径 ＜20.0000＞：25 ↙
指定圆环的中心点或 ＜退出＞：（直接单击以确定圆环的中心）

📢提示：将圆环内径设为 0，可绘出一个实心圆。

4. 绘制椭圆（EL）

在绘图中，椭圆是一种非常重要的实体。椭圆与圆的差别在于，其圆周上的点到中心的距离是变化的，其形状主要用中心、长轴和短轴 3 个参数来描述。在 AutoCAD 绘图中，提供了两种绘制方式。

调用方法如下：

● 【绘图】→【椭圆】

●工具栏：⬭

●命令行：EL ↙

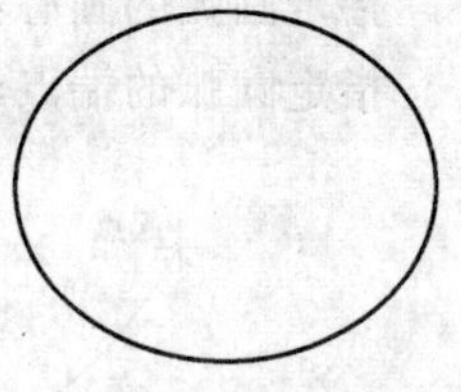

图 2-19　指定端点绘制椭圆

（1）指定端点绘制椭圆。该方法是定义一个轴的两端点，即确定椭圆的一根轴，再输入椭圆的第 2 根轴的长度，如图 2-19 所示。

> 命令：EL ↙
> 指定椭圆的轴端点或［圆弧（A）/中心点（C）］：
> 指定轴的另一个端点：<正交 开> 20 ↙
> 指定另一条半轴长度或［旋转（R）］：8 ↙

（2）指定圆心点绘制椭圆。椭圆的圆心点确定后，椭圆的位置便随之确定。此时，只需再为两轴各定义一个端点，便可确定椭圆形状，如图 2-20 所示。

> 命令：EL ↙
> 指定椭圆的轴端点或［圆弧（A）/中心点（C）］：C ↙
> 指定椭圆的中心点：
> 指定轴的端点：10 ↙
> 指定另一条半轴长度或［旋转（R）］：3 ↙

📢提示：指定第 1 根轴的端点后，用户还可以通过旋转方式指定第 2 根轴，即输入"R"。

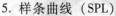

5. 样条曲线（SPL）

样条曲线是一种通过或接近指定点的拟合曲线，如图2-21所示。在建筑图中经常用来表示地形地貌。

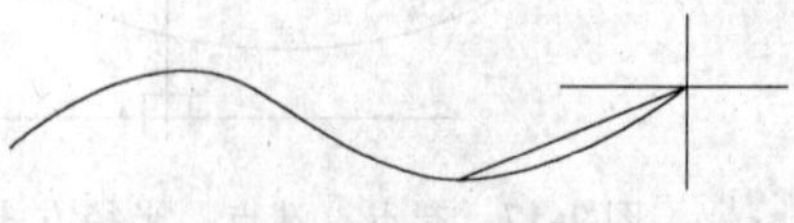

图 2-20　指定圆心点绘制椭圆

调用方法如下：

● 【绘图】→【样条曲线】

●工具栏：〰

●命令行：SPL ↙

图 2-21　样条曲线

> 命令：SPL ↙
> 指定第一个点或［对象（O）］：
> 指定下一点：
> 指定下一点或［闭合（C）/拟合公差（F）］<起点切向>：
> 指定下一点或［闭合（C）/拟合公差（F）］<起点切向>：
> 指定起点切向：

闭合：生成一条闭合的样条曲线。

指定起点切向：指定在样条曲线起始点处的切线方向。

2.1.7 图案填充

需要使用某一种图案来充满某个指定区域，这个过程就叫做图案填充。图案填充经常用于平、立、剖面图及详图中表示建筑材料、材质以及土壤和植物图案等内容。

1. 设置图案填充

图案填充是通过选择的线条图案、颜色和比例等参数来填充指定区域，它常用于表示建筑材料、材质等特性，在建筑平、立、剖面图及详图中应用广泛。

调用方法如下：

● 【绘图】→【图案填充】

● 工具栏：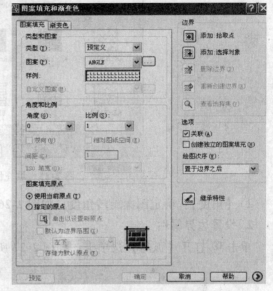

● 命令行：bhatch ✓

激活命令弹出【图案填充和渐变色】对话框，如图2-22所示。可在其中设置图案填充的各项相关参数。

图2-22 【图案填充和渐变色】对话框

（1）【类型和图案】：进行图案填充的第一步是确立填充的类型和图案，【类型和图案】一栏提供了填充方式及图案样例，如图2-23所示。

图2-23 类型和图案的设置

1）【类型】：该下拉列表包括3个选项，如图2-24所示。

预定义：可使用系统提供的图案样式，包括69种填充图案（8种ANSI图案，14种ISO图案和47种其他预定义图案）。

用户定义：是基于图形的当前线型创建的直线填充图案。

自定义：可使用事先定义好的图案。

图2-24 【类型】选项

2）【图案】：用于平、立、剖面图及详图中表示建筑材料、材质以及土壤和植物图案的模块。包括ANSI（美国标准化组织）、ISO（国际标准化组织）和其他预定义图案。

单击"预定义"系统将在【图案】和【样例】下拉列表框中分别给出预定义填充图案的名称和相应的图案。也可单击▥按钮打开【填充图案选项板】对话框，如图2-25所示。

3）【样例】：显示所选图案的样式。

（2）【角度和比例】

1）【比例】：确定图案填充大小。如图2-25所示。

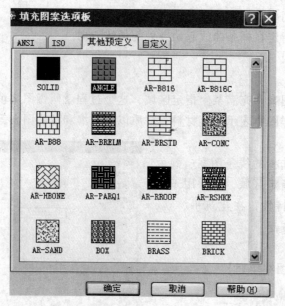

图 2-25　填充图案选项板

2)【角度】：确定图案旋转角度，如图 2-26 所示。

2. 设置边界属性

单击 ⊙ 打开【孤岛】选项卡，如图 2-27 所示。

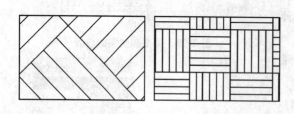

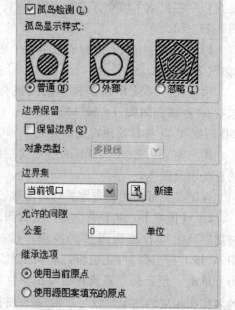

图 2-26　不同比例和角度的绘制效果　　　　　图 2-27　【孤岛】选项卡

（1）设置孤岛检测样式：在进行图案填充时，位于填充区域内的封闭区域称为孤岛。它影响了填充图案时的内部边界。根据对孤岛处理方式不同分为 3 种填充方式。

1）【普通】：从外层边界开始，奇次区域被
填充，偶次相交区域不填（默认方式）。

2）【外部】：只填最外层。

3）【忽略】：忽略所有内部边界，全部填充。

以上 3 种方式也可在提示要求定义边界线时
单击鼠标右键，从弹出的快捷菜单中选择。

（2）设置渐变填充：利用渐变色填充可以对
封闭区域进行适当的渐变色填充，以形成比较好
的颜色修饰效果，该选项有 2 种填充方式，即单
色填充和双色填充，如图 2-28 所示。

1）单色填充：单色填充是指从较深到较浅
色调平滑过渡的单色填充。

选择【单色】后点击 按钮可进行颜色选
择，此时可在【选择颜色】对话框内调节所选颜
色的各项参数，如图 2-29 所示。

在【方向】选项组中可选择居中方式，并设
置填充角度获得填充效果，如图 2-30 所示。

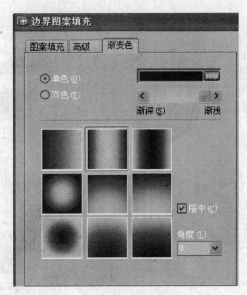

图 2-28 【渐变色】选项卡

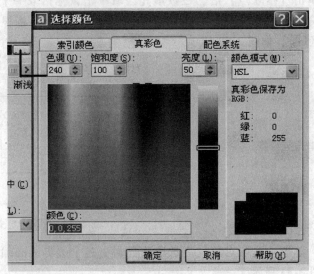

图 2-29 【选择颜色】对话框

提示：【方向】选项组中的【居中】复选框表示颜色填充的方式是对称方式，如
不勾选，渐变则朝左上方渐变，由深变浅。

2）双色填充：双色填充是制定两种颜色之间平滑过渡的双色渐变填充。

选中【双色】选项，在【颜色1】和【颜色2】按钮右侧分别点击 按钮，打开【选
择颜色】对话框进行双色设置，其设置方法与单色设置方法相同，不再复述。

3. 确定填充区域

AutoCAD 在图案填充中为确立填充区域提供了 2 种方法：拾取点、选择对象，如图2-31

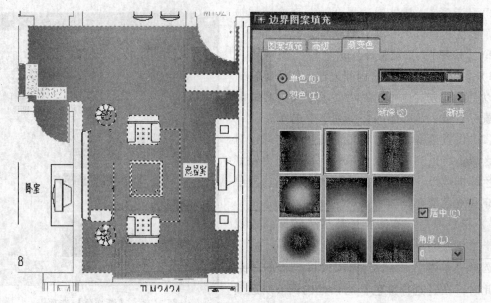

图 2-30　单色填充效果

所示。

（1）拾取点：单击【拾取点】后，在欲填充区域单击鼠标拾取一个点，AutoCAD 会在指定点周围自动形成一个封闭边界，并用虚线显示出来（AutoCAD 将根据已设置的孤岛检测方式来确立填充区域），如图 2-32 所示。

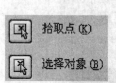

图 2-31　确定填充区域的两种方法

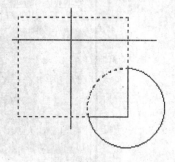

图 2-32　拾取点定义边界

（2）选择对象：单击【选取对象】后选取边界时，各个边界线必须是相连的，否则会显示错误信息，如图 2-33 所示。

提示：填充图形必须为封闭图形。如果图形复杂，或外边界之内有文本时，使用【选择对象】方式要比【拾取点】方式快捷。

4. 实例

命令：bhatch ↙
选择对象：找到 1 个,总计 10 个
选择内部点：正在选择所有对象 ...（选择【拾取点】方式）
正在选择所有可见对象 ...

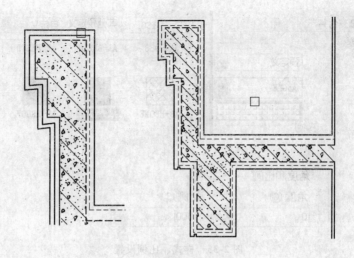

图 2-33　选择对象定义边界

正在分析所选数据…
正在分析内部孤岛…
选择内部点：

待内部点拾取完成后，要删除不清楚的边界，最后确立填充边界。

确定后的填充边界如图 2-34 所示。边界确定后，还需回到对话框进行样式、比例设置，如图 2-35 所示，也可单击右键接受默认设置。

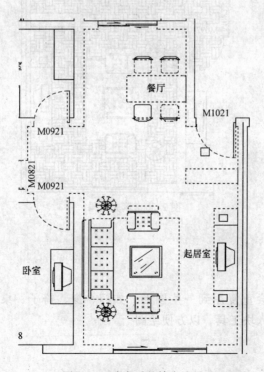

图 2-34　确定后的填充边界

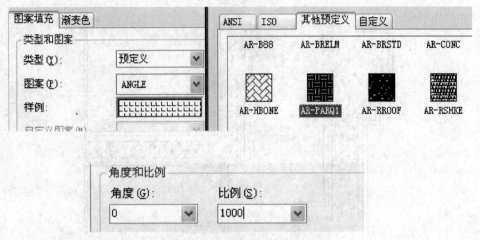

图 2-35　样式、比例设置

填充后的效果如图 2-36 所示。

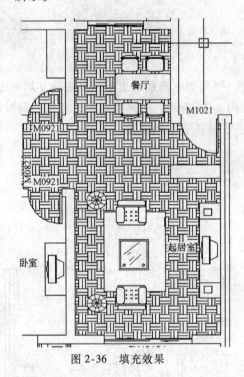

图 2-36　填充效果

2.2　块定义

在建筑绘图中经常会重复用到一些图形，如门、窗、椅子、桌子等的图形，AutoCAD 为此提供了制作块与插入块工具，以方便绘图。

2.2.1　创建块（B）

调用方法如下：

● 菜单栏：【绘图】→【块】→【创建块】

● 工具栏：

● 命令行：B ↙

激活命令调出对话框，如图 2-37 所示，【块定义】对话框中各选项含义如下。

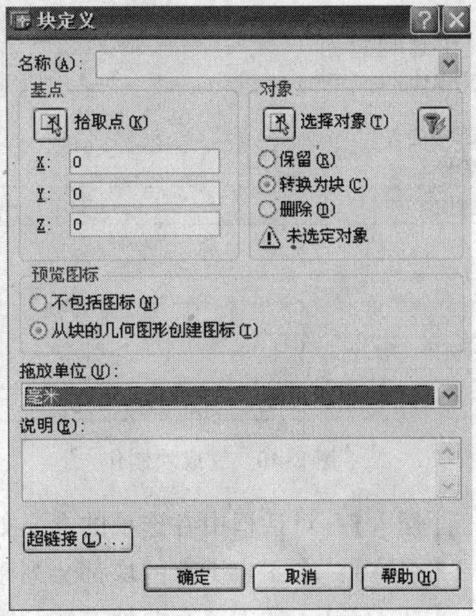

【名称】：输入块的名称。

【基点】：插入图形时的位置基准点，也是缩放、旋转等操作的基准点。可利用拾取点按钮进行拾取。

提示：基准点应选中心点、左下角点等。

【对象】：要制成块的图形元素。可利用选择对象按钮进行选择。

【拖放单位】：拖放单位设为毫米。

提示：将常用图形画在一个"1×1"单位的正方形内，定义成块。以便于用不同比例大量插入块。

图 2-37 【块定义】对话框

制作块的步骤如下：

命令：block ↙（输入块名称，如图 2-38 所示）
指定插入基点：
选择对象：指定对角点：找到 3 个（如图 2-39 所示）
选择对象：指定对角点：找到 0 个
选择对象：↙（回到对话框单击【确定】完成块制作，如图 2-40 所示）

图 2-38 定义块名称

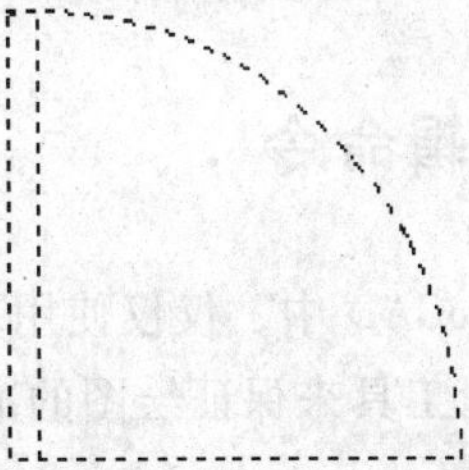

图 2-39 选择图形

2.2.2 插入块

调用方法如下。

● 菜单栏：【插入】→【块】。

● 工具栏：

● 命令行：INSERT ↙。

激活命令后调出对话框，如图 2-41 所示。

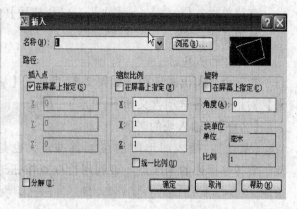

图 2-40　完成块制作　　　　　　　图 2-41　【插入】对话框

【插入】：对话框中各选项的含义如下。

【名称】：本图内所有的块都会列于此输入框中，可依据名称进行选择。

【插入点】：插入点有两种方法，第一，在屏幕上指定；第二，在 X、Y、Z 编辑框中输入点坐标。

【缩放比例】：可控制插入块的比例（如勾选【统一比例】复选框，则不会再按 X、Y 指定的比例变化）。

【角度】：可对图块进行直接旋转。

调入块的步骤如下。

```
命令：insert ↙
指定插入点或 ［比例（S）/X/Y/Z/旋转（R）/预览比例（PS）/PX/PY/PZ/预览旋转
（PR）］：S ↙
指定 XYZ 轴比例因子：0.5 ↙
指定插入点：
```

2.3　编辑命令

在 AutoCAD 中，仅仅使用基本的绘图工具远远不能满足绘图需求，为此该软件提供了一系列编辑工具来保证绘图的准确性。

2.3.1　删除、复制、镜像

1. 删除命令（E）

删除命令可以用来删除指定的图形。

调用方法如下：

● 菜单栏：【修改】→【删除】

● 工具栏：

● 命令行：E ↙

2. 复制命令（CO）

复制命令可以复制已经存在的图形,并将复制后的图形连续置于新位置上,且不删除原图形。

调用方法如下:

●菜单栏:【修改】→【复制】。

●工具栏: 。

●命令行:CO ✓

命令:CO ✓
选择对象:找到 1 个
选择对象:<打开捕捉工具进行选择>
指定基点或 [位移(D)] <位移>:
指定第二个点或 <使用第一个点作为位移>:

位移 (D):可设置被复制的图形的位移距离。

指定第二个点或 [退出(E)/放弃(U)] <退出>:
指定第二个点或 [退出(E)/放弃(U)] <退出>:✓

3. 镜像 (MI)

镜像是指将现有图形根据指定的镜像线做反射复制,可根据需要决定是否删除原对象。

调用方法如下:

●菜单栏:【修改】→【镜像】

●工具栏:

●命令行:MI ✓

命令:MI ✓
选择对象:
指定对角点:找到 3 个
选择对象:
指定镜像线的第一点:
指定镜像线的第二点:
是否删除源对象? [是(Y)/否(N)] <N>:✓

镜像效果如图 2-42 所示。

2.3.2　偏移、阵列、移动

1. 偏移 (O)

偏移是指生成一个与指定图形平行或同心并保持一定距离的新图形。

调用方法如下:

●菜单栏:【修改】→【偏移】

●工具栏:

●命令行:O ✓

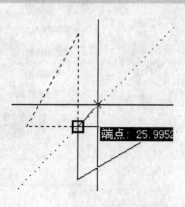

图 2-42　镜像

命令：O
当前设置：删除源＝否　　图层＝源　　OFFSETGAPTYPE＝0
指定偏移距离或［通过(T)］＜15.0000＞：5 ✓
选择要偏移的对象，或［退出(E)/放弃(U)］＜退出＞：
指定要偏移的那一侧上的点，或［退出(E)/多个(M)/放弃(U)］＜退出＞：
选择要偏移的对象，或［退出(E)/放弃(U)］＜退出＞：
指定要偏移的那一侧上的点，或［退出(E)/多个(M)/放弃(U)］＜退出＞：
选择要偏移的对象，或［退出(E)/放弃(U)］＜退出＞：✓

偏移结果如图 2-43 所示。

2. 阵列（AR）

阵列是指将一个或几个选定的图形复制成矩形阵列或圆形阵列图案，而且每一个图形皆可独立处理。阵列有两种方式：矩形阵列和环形阵列。

图 2-43　偏移结果

调用方法如下：

●菜单栏：【修改】→【阵列】

●工具栏：

●命令行：AR ✓

【阵列】对话框如图 2-44 所示。

（1）矩形阵列

命令：AR
选择对象：找到 1 个
选择对象：✓

阵列结果如图 2-45 所示。

（2）环形阵列（【环形阵列】对话框如图 2-46 所示）

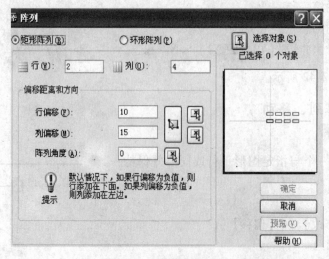

图 2-44　设置阵列方式

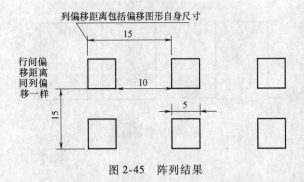

图 2-45　阵列结果

命令：AR ↙

指定阵列中心点：

指定阵列中心点：↙

选择对象：找到 1 个 ↙

选择对象：(回到对话框设置个数,单击确定最终结果如图 2-47 所示)

图 2-46　【环形阵列】对话框

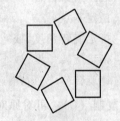

图 2-47　环形阵列结果

3. 移动（M）

移动是指将一个或多个图形移至新位置。

调用方法如下：

●菜单栏：【修改】→【移动】

●工具栏：✛

●命令行：M ↙

命令：M

选择对象：找到 1 个

选择对象：

指定基点或［位移（D）］＜位移＞：　D ↙

指定位移 ＜0.0000,0.0000,0.0000＞：　30 ↙

移动结果如图 2-48 所示。

2.3.3　旋转、缩放、拉伸

1. 旋转（RO）

旋转是指以结合捕捉设置基点的方式来旋转所选的图形。

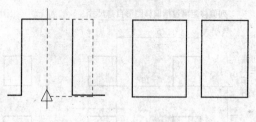

图 2-48 移动结果

调用方法如下：
● 菜单栏：【修改】→【旋转】
● 工具栏：🔄
● 命令行：RO ↙

命令：RO ↙
UCS 当前的正角方向： ANGDIR = 逆时针 ANGBASE = 0
选择对象：找到 1 个
选择对象：
指定基点：
指定旋转角度，或 ［复制（C）/参照（R）］ < 0 > : C ↙
指定旋转角度，或 ［复制（C）/参照（R）］ < 0 > : - 30 ↙（负值为顺时针旋转，正值为逆时针旋转）

复制（C）：可对原对象进行复制然后对复制对象进行角度旋转。

📢 提示：指定基点时开启捕捉功能更快捷简便，如图 2-49 所示。

2. 缩放（SC）
缩放是指将选定的对象以指定的基点为中心，按指定的比例放大或缩小。

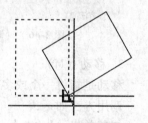

图 2-49 指定基点旋转

调用方法如下：
● 菜单栏：【修改】→【缩放】
● 工具栏：▫
● 命令行：SC ↙

命令：SC ↙
选择对象：找到 1 个
选择对象：
指定基点：（如图 2-50 所示）
指定比例因子或 ［复制（C）/参照（R）］ < 1.0000 > :2

复制（C）：既要缩放也要复制放大的图形。
3. 拉伸（S）

拉伸是指将图形的一部分做拉伸、压缩或变形，同时又保持与原图未动部分的连接。

调用方法如下：

● 菜单栏：【修改】→【拉伸】

● 工具栏：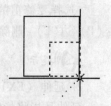

● 命令行：S ↙

图 2-50　指定基点

> 命令：S ↙
> 以交叉窗口或交叉多边形选择要拉伸的对象...
> 选择对象：
> 指定对角点：找到 1 个
> 选择对象：（如图 2-51 虚线所示）
> 指定基点或［位移（D）］：　D ↙（打开对象捕捉）
> 指定位移的第二个点或 ＜用第一个点做位移＞：10 ↙

拉伸结果如图 2-52 所示。

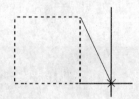

图 2-51　选择对象并指定拉伸基点

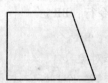

图 2-52　拉伸结果

2.3.4　修剪、延伸、打断

1. 修剪（TR）

修剪是指剪去指定对象的多余部分。

调用方法如下：

● 菜单栏：【修改】→【修剪】

● 工具栏：╱╴

● 命令行：TR ↙

> 命令：TR ↙
> 当前设置：投影 = UCS，边 = 无
> 选择剪切边...（单击鼠标右键选择剪切对象）
> 选择对象：
> 选择要修剪的对象，或按住 Shift 键选择要延伸的对象，或［栏选（F）/窗交（C）/投影（P）/边（E）/删除（R）/放弃（U）］：F ↙
> 第一栏选点：
> 指定直线的端点或［放弃（U）］：
> 指定直线的端点或［放弃（U）］：

选择要修剪的对象,或按住 Shift 键选择要延伸的对象,或［栏选(F)/窗交(C)/投影(P)/边(E)/删除(R)/放弃(U)］:↙

🔊提示:"栏选（F）",可快速进行剪切。选择修剪对象点击鼠标右键即可。

2. 延伸（EX）

延伸是指将指定的图形对象延伸到选定的边界。

调用方法如下:

● 菜单栏:【修改】→【延伸】

● 工具栏: ⊣

● 命令行: EX ↙

选取延伸边界后单击右键,然后选取要延伸的对象,系统将自动把对象延伸到指定边界。

3. 打断（BR）

打断是指将线、多段线、样条曲线等图形部分删除,或将图形分为两段。

调用方法如下:

● 菜单栏:【修改】→【打断】

● 工具栏: ▣

● 命令行: BR ↙

命令: BR ↙

选择对象:↙

指定第二个打断点或［第一点(F)］: F ↙

指定第一个打断点:

指定第二个打断点:

"第一点（F）"为重新指定第一个打断点。打断结果如图 2-53 所示。

🔊提示：在使用打断命令时要使用图形捕捉功能来准确的捕捉图形。

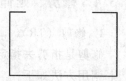

图 2-53　打断结果

2.3.5　倒直角、倒圆角

倒圆角的操作方法与倒直角命令的操作方法基本相同,以下主要介绍倒直角的操作方法。

倒直角工具能够以平角的连接方式修改图形相接处的具体形状,如图 2-54 所示。倒角工具只能应用于图形对象间具有相交性的情况下。

调用方法如下:

● 菜单栏:【修改】→【倒直角】

● 工具栏: ◪

● 命令行: CHA ↙

命令:CHA ↙

("修剪"模式) 当前倒角距离 1 = 0.0000,距离 2 = 0.0000

选择第一条直线或［放弃(U)/多段线(P)/距离(D)/角度(A)/修剪(T)/方式(E)/多个(M)］:D

指定第一个倒角距离 ＜0.0000＞: 10

指定第二个倒角距离 ＜10.0000＞:

选择第一条直线或［放弃(U)/多段线(P)/距离(D)/角度(A)/修剪(T)/方式(E)/多个(M)］:

选择第二条直线,或按住 Shift 键选择要应用角点的直线:

2.4 思考与练习

(1) 利用【矩形】、【直线】与【圆】、【修剪】工具制作 1200mm×50mm, 900mm×50mm, 800mm×50mm 的门,并利用块定义把门制作成块以备后用（门块定义方法和图框块定义方法相同）。

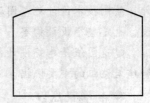

图 2-54 倒直角

(2) 利用【填充】工具并选择相应材质对图 2-55 所示图形进行材质填充。

(3) 利用【矩形】、【偏移】、【圆弧】以及【修剪】、【拉伸】命令制作浴盆,如图 2-56 所示。

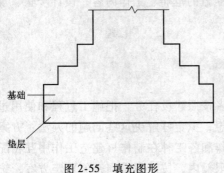

图 2-55 填充图形

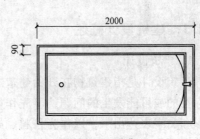

图 2-56 浴盆

第3章 建筑设计基础

建筑设计是指建筑物在开始建造之前，设计者按照建设任务，把施工过程和使用过程中所存在的或可能发生的问题，事先做好通盘的设想，拟定好解决这些问题的办法、方案，并用图形和文字表达出来。设计工作分为几个工作阶段：搜集资料、制定初步方案、初步设计、绘制技术设计施工图和详图等，绘制技术设计施工图阶段是设计过程中的一个关键性阶段，也是整个设计构思基本成型的阶段。

建筑图纸是建筑设计人员用来表达设计思想和意图的技术文件，是方案投标、技术交流和建筑施工的重要依据。

◆ **本章要点：**

◆ 建筑设计的概念

◆ 建筑制图基础知识

3.1 建筑设计的概念

本节将简要的介绍建筑设计的基本概念和其涵盖的范畴、工作内容、设计步骤、规范等内容。

3.1.1 建筑设计概述

1. 建筑设计

建筑设计是指建筑物在开始建造之前，设计者按照建设任务，把施工过程和使用过程中所存在的或可能发生的问题，事先作好通盘的设想，拟定好解决这些问题的办法、方案，用图形和文字表达出来，以作为备料、施工组织工作和各工种在制作、建造工作中互相配合协作的共同依据，便于整个工程得以在预定的投资限额内，按照考虑周密的预定方案，统一步调、顺利进行，并使建成的建筑物充分满足使用者和社会所期望的各种要求。

2. 建筑的构成要素

建筑都是由三个基本要素构成的，即建筑功能、物质技术条件和建筑形象。一般来说，建筑功能也就是建筑的目的，是主导因素。物质技术条件是实现这一目的的手段，依靠它可以达到建筑功能的要求。在相同功能要求和物质条件下，可以创造出不同的建筑形象。

3. 建筑的分类

（1）按建筑的使用性质，城市建筑可分为工业建筑和民用建筑两大类。工业建筑主要是指生产厂房、辅助生产厂房等生产性建筑。民用建筑主要指学校、医院、商场等公共建筑和居住建筑（住宅与宿舍），如图3-1所示。

（2）按建筑结构使用的材料可以分为砖混结构建筑、钢筋混凝土结构建筑和钢结构建筑。

（3）按施工方法分为装配式建筑、现浇式建筑和装配整体式建筑。

（4）按建筑层数可分为低层建筑（1～3 层）、多层建筑（4～6 层）、小高层建筑（7～11 层）和高层建筑（12 层以上）。

4. 建筑设计范畴和设计步骤

广义的建筑设计是指设计一个建筑物或建筑群所要做的全部工作。设计工作常涉及建筑学、建筑声学、建筑光学、建筑热工学、结构学以及给水、排水、供暖、空气调节、电气、燃气、消防、防火、自动化控制管理、工

图 3-1　流水别墅

程估算、园林绿化等方面的知识，并且需要各种科学技术人员的密切协作。

现在通常所说的建筑设计，是指建筑学范围内的工作。它所要解决的问题包括建筑物内部各种使用功能和使用空间的合理安排，建筑物与周围环境和各种外部条件的协调配合，内部和外表的艺术效果，各个细部的构造方式，建筑与结构和各种设备等相关技术的综合协调，以及如何以更少的材料、更少的劳动力、更少的投资、更少的时间来实现上述各种要求。其最终目的是使建筑物做到适用、经济、坚固、美观。因此，建筑设计工作的核心，就是要寻找解决上述各种问题的最佳方案。

设计工作分为几个工作阶段：搜集资料、初步方案、初步设计、技术设计施工图和详图等。技术设计阶段是设计过程中的一个关键性阶段，也是整个设计构思基本成型的阶段。

技术设计的内容包括整个建筑物和各个局部的具体做法，各部分确切的尺寸关系，内外装修的设计，结构方案的计算和具体内容，各种构造和用料的确定，各种设备系统的设计和计算，各技术工种之间的各种矛盾的合理解决，设计预算的编制等。设计者利用施工图和详图把其意图和全部的设计结果表达出来，并作为工人施工制作的依据。

5. 建筑施工图的内容

（1）平面图。为了表达房屋建筑的平面形状、大小和布置，假想用一水平面经过门窗洞将房屋剖开，移去上部，由上向下投射所得的剖面图，称为建筑平面图，简称平面图，如图 3-2 所示。

（2）立面图。为了反映房屋的外形、高度，在与房屋立面平行的投影面上所作出的房屋的正投影图，称为建筑立面图，简称立面图。

（3）剖面图。为表明房屋内部垂直方向的主要结构，假想用侧平面或正平面将房屋垂直剖开，移去处于观察者和剖切面之间的部分，把余下的部分向投影面投射所得的投影图，称为建筑剖面图，简称剖面图。

（4）详图。由于房屋形体庞大，而平面图、立面图、剖面图选用的比例一般比较小，很多细部构造无法表达清楚，所以还要选用较大的比例画出建筑物局部构造及构件细部的图样，这种图样称为建筑详图，简称详图，如图 3-3 所示。

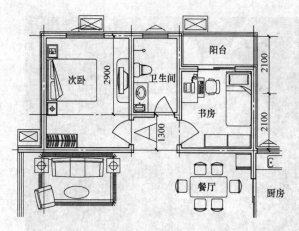

图 3-2 平面图

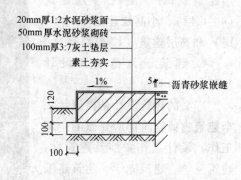

图 3-3 台阶断面详图

3.1.2 建筑设计规范

在建筑设计中，需按国家规范和标准进行设计，以确保建筑安全、经济、适用。

主要建筑设计规范有以下几种。

《建筑工程设计文件编制深度规定》（2008 年版）

《房屋建筑制图统一标准》GB/T 50001—2001

《建筑制图标准》GB/T 50104—2001

《民用建筑设计通则》GB 50352—2005

《总图制图标准》GB/T 50103—2001

《建筑模数协调统一标准》GBJ 2—1986

《建筑楼梯模数协调统一标准》GBJ 101—1987

《建筑设计防火规范》GB 50016—2006

《高层民用建筑设计防火规范》GB 50045—2005

《建筑内部装修设计防火规范》GB 50222—2001

提示：建筑设计规范中的"GB"是国家标准，此外还有行业规范和地方标准。

3.2 建筑制图基础知识

3.2.1 建筑制图

1. 建筑制图的概念

建筑设计图纸是工程设计界的共同语言，因为在建筑中无论是工业建筑还是民用建筑，都要根据设计完善的图纸进行施工。图纸可以借助一系列的图样把建筑物的艺术造型、外表形状、内部布置、结构构造、内外装饰、各种设备和施工要求等内容，准确详尽地表达出来。它是施工的依据，是建筑施工中不可或缺的重要技术资料。因此在学习 AutoCAD 作图之前必须掌握建筑基本绘图知识。

2. 建筑制图的方式

建筑制图有手工画图与计算机画图两种方式，手工画图是建筑设计师必须掌握的技能，是学习其他计算机辅助软件的基础，同时也能体现设计师的绘图素养，其素养的高低直接影响计算机绘图的质量和效果。

3. 建筑施工图的内容

建筑施工图一般包括施工总说明、总平面图、门窗表、平面图、立面图、剖面图、构造详图、效果图、设计说明、图纸目录等内容。

4. 建筑施工图的用途

建筑施工图是施工放线，砌筑基础及墙身，铺设楼板、楼梯、屋顶，安装门窗，室内外装饰以及编制预算和施工组织等的依据。

3.2.2　建筑制图的要求与规范

1. 图纸幅面与格式标准

（1）图纸幅面。图纸的幅面就是指图纸的大小规格，可简称为幅面。幅面可分为横式和立式两种，如图 3-4 所示。根据 GB/T 14689—2008 标准规定，常用图幅可分为 A0、A1、A2、A3、A4 五种规格。每种图幅的尺寸及图框尺寸见表 3-1。

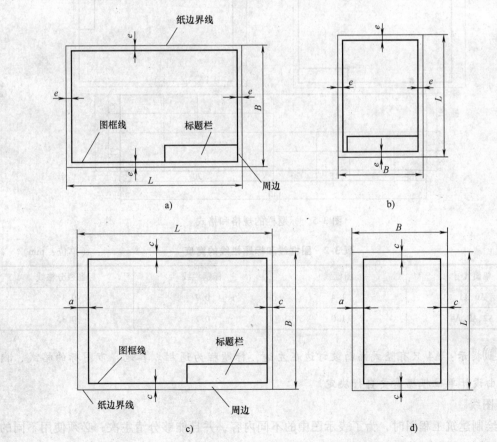

图 3-4　图框格式
a）无装订边图纸横式图框格式　b）无装订边图纸竖式图框格式
c）有装订边图纸横式图框格式　d）有装订边图纸竖式图框格式

表 3-1　图幅及图框尺寸 （单位：mm）

幅面代号	A0	A1	A2	A3	A4
$B \times L$	841×1189	594×841	420×594	297×420	210×297
e	20			~ 10	
c	10			5	
a	25				

（2）图框和图纸格式。图框是图纸上限制绘图区域的边线，分为外框和内框，内框在图纸上必须用粗实线绘制。图纸根据实际需求加装订边，内框和外框以及装订边之间的尺寸分别用 c 和 a 来表示。图框线线宽，如表 3-2 所示。

（3）标题栏。每张图纸必须留标题栏，标题栏位于右下角或右上角，简称图标。它用以填写建筑单位名称，工程名称，设计单位名称，图名，图号，设计编号以及设计人、制图人、审核人的签名和日期等。图标长边的长度应为 140mm；短边宜采用 40mm、30mm、50mm，标题栏的规格和位置如图 3-5 所示，图框线和标题栏线的宽度见表 3-2。

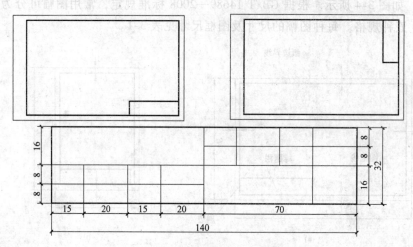

图 3-5　标题栏的规格和格式

表 3-2　图框线和标题栏线的宽度 （单位：mm）

幅面代号	图框线	标题栏线	标题栏分格线
A0、A1	1.4	0.7	0.35
A2、A3、A4	1.0	0.7	0.35

提示：A4 只有竖式幅面装订边在左边，标题栏为通栏。各地、市图标的格式、内容，可由设计单位根据需要自行决定。

2. 图线

在绘制建筑工程图时，为了表示图中的不同内容，并且能够分清主次，必须使用不同的线型和不同粗细的图线。

建筑工程图的图线线型有实线、虚线、点画线、折线、波浪线等，一般在绘图时使用三种线宽，且互成一定的比例，即粗线、中线、细线，其比例规定为 $b:0.5b:0.35b$。因此，在绘图时应先根据结构的复杂程度和比例大小确立基线宽度 b，b 值可从 2.0mm、1.4mm、1.0mm、0.7mm、0.5mm、0.35mm、0.25mm、0.18mm 中选取。图线的线型、线宽及主要用途见表 3-3，线宽组见表 3-4。

表 3-3　图线的线型、线宽及主要用途

名称		线型	线宽	一般用途
实线	粗	——————————	b	主要可见轮廓线 1. 新建建筑物 ±0.00 高度的可见轮廓线；新建的铁路、管线 2. 平、剖面图中被剖切的主要建筑构造（包括构配件）的轮廓线；建筑立面图或室内立面图的外轮廓线；建筑构造详图中被剖切的主要部分的轮廓线；建筑构配件详图中的外轮廓线；平、立、剖面图的剖切符号 3. 螺栓、主钢筋线、结构平面图中的单线结构构件线、钢木支撑及系杆线，图名下横线、剖切线 4. 新设计的各种排水和其他重力流管线 5. 单线表示的管道
	中	————————	$0.5b$	可见轮廓线 1. 新建构筑物、道路、桥涵、边坡、围墙、露天堆场、运输设施、挡土墙的可见轮廓线；场地、区域分界线、用地红线、建筑红线、尺寸起止符号、河道蓝线；新建建筑物 ±0.00 高度以外的可见轮廓线 2. 平、剖面图中被剖切的次要建筑构造（包括构配件）的轮廓线；建筑平、立、剖面图中建筑构配件的轮廓线；建筑构造详图及建筑构配件详图中的一般轮廓线 3. 结构平面图及详图中剖到或可见的墙身轮廓线、基础轮廓线、钢、木结构轮廓线、箍筋线、板钢筋线 4. 给水排水设备、零（附）件的可见轮廓线；总图中新建的建筑物和构筑物的可见轮廓线；原有的各种给水和其他压力流管线 5. 暖通空调专业设备轮廓，双线表示的管道轮廓
	细	——————————	$0.35b$	可见轮廓线、图例线、标注线 1. 新建道路路肩、人行道、排水沟、树丛、草地、花坛的可见轮廓线；原有（包括保留和拟拆除的）建筑物、构筑物、铁路、道路、桥涵、围墙的可见轮廓线；坐标网线、图例线、尺寸线、尺寸界线、引出线、索引符号等 2. 小于 $0.5b$ 的图形线、标高符号、详图材料做法引出线等 3. 可见的钢筋混凝土构件的轮廓线 4. 建筑的可见轮廓线；总图中原有的建筑物和构筑物的可见轮廓线；制图中的各种标注线 5. 建筑物轮廓线；尺寸、标高、角度等标注线及引出线；非暖通空调专业设备轮廓线
虚线	粗	－ － － － － －	b	1. 新建建筑物、构筑物的不可见轮廓线 2. 不可见的钢筋、螺栓线，结构平面图中的不可见的单线结构构件线及钢、木支撑线 3. 新设计的各种排水和其他重力流管线的不可见轮廓线 4. 回水管线

（续）

名　称		线　　型	线宽	一　般　用　途
虚线	中	— — — — —	$0.5b$	不可见轮廓线 1. 计划扩建建筑物、构筑物、预留地、铁路、道路、桥涵、围墙、运输设施、管线的轮廓线；洪水淹没线 2. 建筑构造详图及建筑构配件不可见的轮廓线；平面图中的起重机轮廓线；拟扩建的建筑物轮廓线 3. 结构平面图中的不可见构件、墙身轮廓线及钢、木构件轮廓线 4. 给水排水设备、零（附）件的不可见轮廓线；总图中新建的建筑物和构筑物的不可见轮廓线；原有的各种给水和其他压力流管线的不可见轮廓线 5. 暖通空调设备及管道被遮挡的轮廓线
	细	— — — — —	$0.25b$	不可见轮廓线、图例线 1. 原有建筑物、构筑物、铁路、道路、桥涵、围墙的不可见轮廓线 2. 图例线，小于 $0.5b$ 的不可见轮廓线 3. 基础平面图中的管沟轮廓线、不可见的钢筋混凝土构件轮廓线 4. 给水排水图中建筑的不可见轮廓线；总图中原有的建筑物和构筑物的不可见轮廓线 5. 地下管沟、改造前风管的轮廓线；示意性连线
单点长画线	粗	—·——·——·—	b	1. 露天矿开采边界线 2. 起重机轨道线 3. 柱间支撑、垂直支撑、设备基础轴线图中的中心线
	中	—·—·—·—·—	$0.5b$	土方填挖区的零点线
	细	—·—·—·—·—	$0.25b$	分水线、中心线、对称线、定位轴线
双点长画线	粗	—··——··—	b	1. 地下开采区塌落界线 2. 预应力钢筋线
	细	—··—··—··—	$0.25b$	1. 假想轮廓线，成形前原始轮廓线 2. 原有结构轮廓线 3. 工艺设备轮廓线
折断线		—— —/\— ——	$0.25b$	1. 断开界线 2. 不需画全的断开界线
波浪线		∿∿∿∿	$0.25b$	1. 断开界线 2. 不需画全的断开界线；构造层次的断开界线 3. 给水排水平面图中水面线；局部构造层次范围线；保温范围示意线等

表 3-4　　线宽组　　　　　　　（单位：mm）

线宽比	线　宽　组					
b	2.0	1.4	1.0	0.7	0.5	0.35
$0.5b$	1.0	0.7	0.5	0.35	0.25	0.18
$0.25b$	0.5	0.35	0.25	0.18	—	—

注：1. 需要微缩的图纸，不宜采用 0.18mm 及更细的线宽。
　　2. 同一张图纸内，各不同线宽中的细线，可统一采用较细的线宽组的细线。

3. 比例

比例是指图中图形和其实物要素的现行尺寸比。比例的符号为 "：" 例如 1：50，前一项为图上尺寸，后一项为实际尺寸。针对不同类型的建筑施工图形对应的绘图比例也各不相同，绘图所用的比例见表 3-5。

表 3-5　绘图所用的比例

常用比例	1：1、1：2、1：5、1：10、1：20、1：50、1：100、1：150、1：200、1：500、1：1000、1：2000、1：5000、1：10000、1：20000、1：50000、1：100000、1：200000
可用比例	1：3、1：4、1：6、1：15、1：25、1：30、1：40、1：60、1：80、1：250、1：300、1：400、1：600

比例书写在图名的右方，字号应比图名字小一号或两号，如图 3-6 所示。

平面图 1：100

图 3-6　比例书写示例

4. 标高

标高表示建筑物某一部位相对于基准面（标高的零点）的竖向高度，是竖向定位的依据。在总平面图、平面图、立面图和剖面图上，经常用标高符号表示某一部位的高度。标高按基准面选取的不同分为绝对标高和相对标高。

（1）绝对标高：是以一个国家或地区统一规定的基准面作为零点的标高，我国规定，以青岛附近黄海的平均海平面作为标高的零点所计算的标高称为绝对标高。

（2）相对标高：以建筑物室内首层主要地面高度为零点做为标高的起点所计算的标高称为相对标高。

在建筑制图中标高符号使用细实线绘制的高为 3mm 的等腰直角三角形及长为 15mm 的横线来表示。其形式如图 3-7 所示。

总平面图室外平整地面标高符号为涂黑的等腰直角三角形，标高数字注写在符号的右侧、上方或右上方。

底层平面图中室内主要地面的零点标高注写为 ±0.000。低于零点标高的为负标高，标高数字前加 "－" 号，如 －0.450。高于零点标高的为正标高，标高数字前可省略 "＋" 号，如 3.000，如图 3-8 所示。

图 3-7　标高的形式　　　　　　　　　　图 3-8　标高标注方式

在标准层平面图中，同一位置可同时标注几个标高。

标高符号的尖端应指至被标注的高度位置。尖端可向上，也可向下。标高的单位为米。

5. 索引符号与详图符号

在施工图中，有时会因为比例问题而无法表达清楚某一局部，为方便施工需另画详图。一般用索引符号注明画出详图的位置、详图的编号以及详图所在的图纸编号。索引符号和详图符号内的详图编号与图纸编号应对应一致。

按 "国标" 规定，索引符号的圆和引出线均应以细实线绘制，圆直径为 10mm。引出线应对准圆心，圆内过圆心画一水平线，上半圆中用阿拉伯数字注明该详图的编号，下半圆中用阿拉伯数字注明该详图所在图纸的图纸号。如果详图与被索引的图样在同一张图纸内，则在下半圆中间画一水平中实线。索引出的详图，如用标准图，应在索引符号水平直径的延长线上加注该标准图册的编号，如图 3-9 所示。

当索引符号用于索引剖面详图时，应在被剖切的部位绘制剖切位置线。引出线所在一侧应为投射方向，如图 3-10 所示。

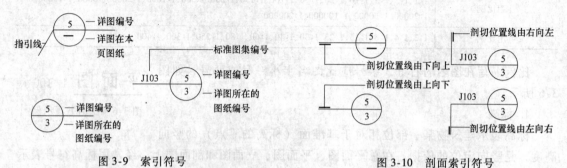

图 3-9　索引符号　　　　　　　　　　图 3-10　剖面索引符号

6. 详图符号图

详图符号图用一粗实线圆绘制，直径为 14mm。详图与被索引的图样同在一张图纸内时，应在符号内用阿拉伯数字注明详图编号。如不在同一张图纸内，可用细实线在符号内画一水平直径，在上半圆中注明详图编号，在下半圆中注明被索引图纸号，如图 3-11 所示。

7. 指北针

指北针用细实线绘制，圆的直径宜为 24mm。指针尖为北向，指针尾部宽度宜为 3mm。需用较大直径绘指北针时，指针尾部宽度宜为直径的 1/8，如图 3-12 所示。

图 3-11　详图符号

图 3-12　指北针

8. 引出线

引出线应用细实线绘制，宜采用水平方向的直线，与水平方向成 30°、45°、60°、90°的直线，或经上述角度再折为水平线。文字说明宜注写在水平线的上方，如图 3-13a 所示，也可注写在水平线的端部，如图 3-13b 所示。索引详图号的引出线，应与水平直径线相连接，如图 3-13c 所示。

同时引出几个相同部分的引出线，宜互相平行，如图 3-13d 所示，也可画成集中于一点的放射线，如图 3-13e 所示。

多层构造或多层管道共用引出线，应通过

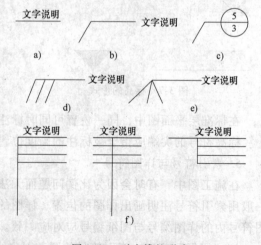

图 3-13　引出线的形式

被引出的各层。文字说明宜注写在水平线的上方，或注写在水平线的端部，说明的顺序应由上至下，并应与被说明的层次相互一致；如层次为横向排序，则由上至下的说明顺序应与由左至右的层次相互一致，如图 3-13f 所示。

3.2.3　建筑常用材料图例

建筑图中，经常使用材料图例表示材料，对于无法用图例表示的则用文字说明，见表 3-6。

表 3-6　建筑常用材料图例

序号	名称	图例	备　注	序号	名称	图例	备　注
1	自然土壤	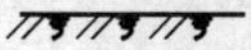	包括各种自然土壤	8	混凝土		1. 本图例指能承重的混凝土及钢筋混凝土
2	夯实土壤						2. 包括各种强度等级、骨料、添加剂的混凝土
3	砂、灰土	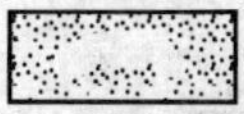	靠近轮廓线绘较密的点	9	钢筋混凝土		3. 在剖面图上画出钢筋时，不画图例线
4	毛石						4. 断面图形小，不易画出图例线时，可涂黑
5	普通砖		包括实心砖、多孔砖、砌块等砌体。断面较窄不易绘出图例线时，可涂红	10	金属		1. 包括各种金属 2. 图形小时，可涂黑
6	空心砖	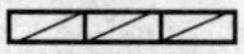	指非承重砖砌体	11	防水材料		构造层次多或比例大时，采用上面图例
7	木材		1. 上图为横断面，左上图为垫木、木砖或木龙骨 2. 下图为纵断面	12	胶合板		应注明为×层胶合板
				13	液体	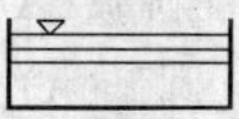	应注明具体液体名称

3.2.4　建筑制图编排顺序

工程图纸应按专业顺序编排。一般顺序为图纸目录、总图、建筑图、结构图、给水排水图、暖通空调图、电气图等。对于建筑工程图而言，顺序一般为目录、施工图设计说明、附表、平面图、立面图、剖面图、详图等。

3.3　实例练习

在手工画图时代，公司会根据设计需要定制图纸，使用 AutoCAD 制图后同样也需要挑选图纸。它选图纸的原则和手工画图一样，但计算机出图前是以图形文件的格式存在的，而且绘图区域可以无限放大，因此可以根据图幅规定按1:1的比例制成不同的图框文件来充当虚拟图纸，然后调用所需图框按比例放大，这样就可以以1:1的原则来画图了。本章以 A3 图纸为例绘制图框。

1. 设置单位

命令：'_units（调出单位设置对话框）具体设置如图3-14所示。

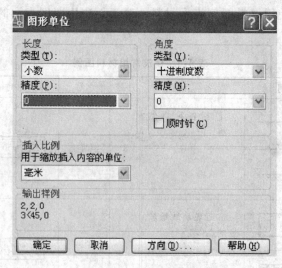

图 3-14　图形单位设置

2. 绘制图框

（1）输入命令。

命令:pl ✓
指定起点：
当前线宽为 0.0000
指定下一个点或［圆弧(A)/半宽(H)/长度(L)/放弃(U)/宽度(W)］:420 ✓
指定下一点或［圆弧(A)/闭合(C)/半宽(H)/长度(L)/放弃(U)/宽度(W)］:297 ✓
指定下一点或［圆弧(A)/闭合(C)/半宽(H)/长度(L)/放弃(U)/宽度(W)］:420 ✓
指定下一点或［圆弧(A)/闭合(C)/半宽(H)/长度 (L)/放弃(U)/宽度(W)］:297 ✓
指定下一点或［圆弧(A)/闭合(C)/半宽(H)/长度(L)/放弃(U)/宽度(W)］:C ✓

（2）单击 ⟐ 命令选择线框向内偏移5，如图3-15所示。

（3）拉伸。

命令:stretch
用交叉窗口或交叉多边形选择要拉伸的对象…
选择对象：
指定对角点:找到 1 个
选择对象：
指定基点或位移：
指定位移的第二个点或 ＜用第一个点作位移＞:25 ✓

（4）命令：　PEDIT 选择多段线或［多条（M）］:↙

输入选项

　［打开(O)/合并(J)/宽度(W)/编辑顶点(E)/拟合(F)/样条曲线(S)/非曲线化(D)/线型生成(L)/放弃(U)]:W↙

　　指定所有线段的新宽度:1.0↙

　输入选项

　［打开(O)/合并(J)/宽度(W)/编辑顶点(E)/拟合(F)/样条曲线(S)/非曲线化(D)/线型生成(L)/放弃(U)]:↙

完成后的图框如图 3-16 所示。

图 3-15　偏移后的图框

图 3-16　完成后的图框

3. 标题栏的绘制

（1）单击 ⏬ 分别沿 X 轴方向绘制 140mm 的直线，沿 Y 轴绘制 32mm 的直线，Y 轴偏移 8mm、8mm、8mm、8mm，X 轴偏移 15mm、20mm、15mm、20mm、70mm，如图 3-17 所示。

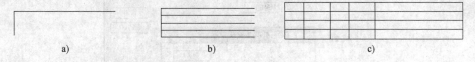

a)　　　　　　　　　b)　　　　　　　　　c)

图 3-17　标题栏的绘制

a）确立 X、Y 轴的线　b）沿 Y 轴偏移直线　c）沿 X 轴偏移直线

（2）单击 ⏬ 从左往右分别偏移 20mm、15mm、20mm、15mm，调用 ✂ 进行修剪，如图 3-18 所示。

（3）调用修改多段线命令设置线宽。

图 3-18　修剪后的图标

命令:PE

　选择多段线或［多条(M)]:M↙

　选择对象:找到 1 个

　选择对象:找到 1 个,总计 2 个

　选择对象:找到 1 个,总计 3 个

　选择对象:找到 1 个,总计 4 个

选择对象:↙

输入选项

[闭合(C)/打开(O)/合并(J)/宽度(W)/拟合(F)/样条曲线(S)/非曲线化(D)/线型生成(L)/放弃(U)]:W↙

指定所有线段的新宽度:1.0↙

输入选项

[闭合(C)/打开(O)/合并(J)/宽度(W)/拟合(F)/样条曲线(S)/非曲线化(D)/线型生成(L)/放弃(U)]↙

修改线宽后的标题栏如图 3-19 所示。

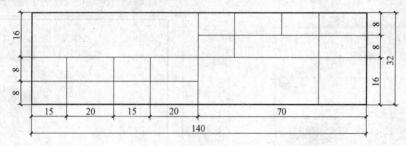

图 3-19　修改线宽后的标题栏

4. 设置字体

（1）输入命令 style（文字标注样式），弹出【新建文字样式】对话框，单击 新建(N) 输入文字名称 GB3 确定。如图 3-20 所示。

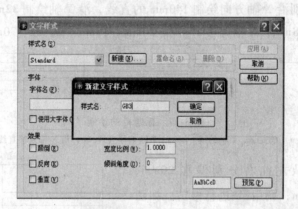

图 3-20　新建文字样式

（2）设置文字样式后，单击 应用(A) 保存新建的文字样式，文字设置完成。用同样的方式新建一个高度为 6mm 的宋体文字样式，名字命名为 GB6，如图 3-21 所示。

图 3-21　字体设置

（3）单击 A 。

> 命令：mtext
> 当前文字样式："GB6"
> 当前文字高度：6
> 指定第一角点：
> 指定对角点或［高度（H）/对正（J）/行距（L）/旋转（R）/样式（S）/宽度（W）］：J↙
> 输入对正方式
> ［左上（TL）/中上（TC）/右上（TR）/左中（ML）/正中（MC）/右中（MR）/左下（BL）/中下（BC）/右下（BR）］＜左上（TL）＞：MC↙
> 指定对角点或［高度（H）/对正（J）/行距（L）/旋转（R）/样式（S）/宽度（W）］：

（4）再次调用 A 选用 GB3 文字样式输入文字，完成图标制作，如图 3-22 所示。

（5）调用 ✥ 把图标放入图框的右下角完成图框绘制，如图 3-23 所示。

校名				日期	
			批阅		成绩
制图		专业		图名	
班级		学号			

图 3-22　学生作业图标

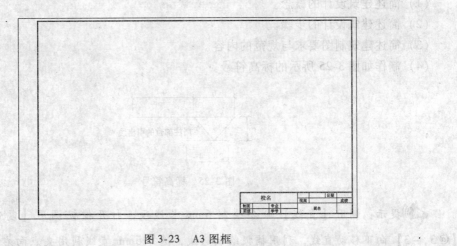

图 3-23　A3 图框

5. 保存文档

图框制作好之后为了便于日后应用，可以将制作的图框保存到指定地点，减少重复的工作。在 AutoCAD 中有一个"写块命令"，可以利用此命令保存，也可以直接将文件另存到一个指定地点。

在命令行中输入"W"，弹出【写块】对话框。在【源】状态栏中有三个选项，即要输出的内容；基点为"0，0，0"即可。单击对象栏中 选择对象 返回绘图区选择要写块的对象，再次返回对话框定义块名称。在目标栏中选择文件要保存的路径，将图框保存到合适的位置，如图 3-24 所示。

图 3-24　【写块】对话框

3.4　思考与练习

（1）简述建筑设计的概念。

（2）简述建筑设计的步骤。

（3）简述建筑制图要求与规范的内容。

（4）制作如图 3-25 所示的标高符号。

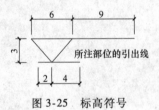

图 3-25　标高符号

提示：调用【直线】命令绘制 6mm 长线段，打开捕捉调用【复制】命令输入【@3，−3】向下移动直线，利用捕捉绘制斜线，选择 6mm 直线利用夹点向右移动 9mm。调用【移动】命令把引出线向左移动 2mm。调用【写块】命令制作图块保存备用。

第4章 绘制建筑平面图

建筑施工图是建造房屋最主要的技术依据，为了保障质量，提高效率，便于识读，在绘图之前要熟练掌握绘图环境设置、制图规范及建筑基础知识。

本章主要介绍了建筑平面图制图规则以及绘制建筑平面图的步骤。

◆ **本章要点：**

◆ 建筑平面图概述

◆ 建筑平面图的绘制步骤

4.1 建筑平面图概述

本节主要介绍建筑平面图的形成、类型、表达的内容以及制作方法。

4.1.1 建筑平面图的形成和类型

建筑平面图是假想用一个水平的剖切面沿门窗洞的位置将房屋剖切后，对剖切面以下部分所做出的水平剖面图，简称平面图，如图4-1所示。

平面图中主要包括墙、柱、门窗、楼梯以及能够看到的地面、台阶等剖切面以下的构建轮廓。它反映出房屋的平面形状、大小和房间的布置柱的位置、大小、厚度和材料，以及门窗的类型和位置等情况。建筑平面图是施工图的主要类型之一。

建筑平面图实质上是房屋各层的水平剖面图，所以根据位置不同至少可分为底层平面图、标准层平面图、屋顶平面图。

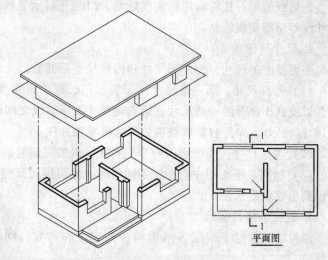

图 4-1 平面图

（1）底层（首层）平面图：表示房屋建筑底层的布置情况。在底层平面图上还需反映室外可见的台阶、散水、花台、花池等。此外，还应标注剖切符号及指北针。

（2）标准层平面图：表示房屋建筑中间各层及最上一层的布置情况，标准层平面图还需画出本层的室外阳台和下一层的雨篷、遮阳板等。

（3）屋顶平面图：屋顶平面图是在房屋的上方，向下作屋顶外形的水平投影而得到的投影图。用它表示屋顶情况，如屋面排水的方向、坡度、雨水管的位置、上人孔及其他建筑配件的位置等。

建筑平面的内容和作用：

建筑平面图是用以表达房屋建筑的平面形状，房间布置，内外交通联系，以及墙柱门窗等构配件的位置、尺寸材料和做法等内容的图样。

建筑平面图是建筑施工图的主要图样之一，是施工过程中房屋定位放线、砌墙、设备安装、装修及编制预算、备料方案等的重要依据。

4.1.2　建筑平面图的图示方法

在确定建筑平面图的表达方式和内容后，为了获得准确的平面图，必须依据房屋建筑标准确定具体设计方案，其中包括图名、比例、图例、线型、尺寸与标高、定位轴线及编号、门窗布置及编号等参数。

1. 比例

建筑平面比例宜采用 1:50、1:100、1:200 的比例绘制，实际工程中常用 1:100 的比例绘制。

2. 图例

由于绘制建筑平面图的比例较小，所以在平面图中的门窗、卫生间、楼梯间等都不能按照真实的投影绘制，而是要用国家标准规定的图例来绘制，具体构造在建筑详图中使用较大的比例来绘制。

3. 线型

剖切到的墙、柱轮廓用粗实线绘制，门的开启示意线用中实线绘制，其余可见轮廓线、尺寸线等用细实线绘制。

4. 尺寸与标高

平面图中的尺寸分为外部尺寸和内部尺寸两部分。

（1）外部尺寸：第一道尺寸用于表示门、窗洞口宽度尺寸，定位尺寸，墙体的宽度尺寸，以及细小部分的构造尺寸；第二道尺寸表示轴线之间的距离；第三道尺寸表示外轮廓的总尺寸。另外，室外台阶或坡道的尺寸可单独标注。

（2）内部尺寸：表明房间的净空间和室内的门窗洞的大小、墙体的厚度等尺寸。

（3）标高：平面图中应标注不同楼层、地面房间及室内外地平等标高，且以米做单位，精确到小数点后三位。

5. 定位轴线及编号

定位轴线确定了房屋各承重构件的定位和布置，同时也是其他建筑构配件的尺寸基准线。

6. 门窗布置及编号

门窗布置及编号、图名等内容的图示方法均可参见第 5 章内容。

4.1.3　建筑平面图的识读方法

依以下步骤识读图 4-2（见书后插页，共 6 幅）。

（1）了解图名、比例及文字说明。

（2）了解房屋的平面形状和总尺寸，以及内部房间的功能关系、布置方式等。

（3）了解纵横定位轴线及其编号，主要房间的开间、进深尺寸；墙或柱的平面布置。

（4）了解平面图各部分的尺寸。

（5）了解门窗的布置、数量及型号。

（6）了解房屋室内设备配备等情况。

（7）了解房屋外部的设施，如散水、雨水管、台阶等的位置及尺寸。

（8）了解房屋的朝向及剖面图的剖切位置、索引符号等。

4.2 建筑平面图的绘制步骤

本节以一栋住宅楼的标准单元层的绘制方法介绍平面图的绘制步骤。在绘图时一般先要设置绘图环境，制作轴线，编制轴号然后依次是绘制墙体、阳台、门窗、楼梯电梯、布置家具，最后进行文字与尺寸的标注（文字与尺寸标注详见第 5 章）。

4.2.1 绘图环境的设置

（1）【文件】→【新建】→【Template】→A3 样板图框，如图 4-3 所示。

（2）调用命令：

```
命令:scale ↙
选择对象:
指定对角点:找到 32 个
选择对象:
指定基点:
正在恢复执行 SCALE 命令。
指定基点:
指定比例因子或 [参照(R)]:100 ↙
```

图 4-3 调用 A3 图框文件

（3）设置图形界限

菜单：【视图】→【缩放】

命令行:Z↙

指定窗口角点,输入比例因子（nX 或 nXP）,或

［全部(A)/中心点(C)/动态(D)/范围(E)/上一个(P)/比例(S)/窗口(W)］＜实时＞:A↙

📢提示:作图区域的设定要根据作图所需图纸大小设定,本章案例总尺寸为 (15600,12500),所以选定 A3 图纸作图比例为 1:100,按 1:1 作图原则把图纸放大 100 倍。

4.2.2 图层设置

图层是 AutoCAD 的重要绘图工具之一,它类似于在手工绘图中使用的重叠透明图纸。在一幅图形中设置若干图层,各层之间完全对齐,每种图形要素放在一个图层上,将这些图层叠放在一起就构成一幅完整的图形。图层的作用是便于图形要素的分类管理。图形的每个对象都位于一个图层上,且所有图形对象都具有图层、颜色、线型和线宽等多个基本属性。

1. 图层的性质

(1) 一幅图可以包含多个图层,每个图层中的图形实体数量不受限制。

(2) 每当创建一张新图,系统会自动生成 0 层。0 层的默认颜色是白色,默认线型是 Continuous（连续线）,默认线宽是默认。0 层不能被清除。

(3) 同一张图中不允许建立两个相同名称的图层。

(4) 每个图层只能赋予一种颜色、一种线型和一种线宽,不同的图层可以具有相同的颜色、线型和线宽。

(5) 用户要在某一特定图层上绘制图形对象,必须把该层设置为当前层,但被编辑的对象则可以处于不同的图层。

(6) 图层可以打开或关闭。只有打开图层,其中的实体才可以显示或打印。关闭图层后,其中的实体仍然存在,但不可见也不能打印。

(7) 当前层和其他图层均可以被锁定,处于被锁定图层上的实体可见,但不可编辑。

📢提示:图层数量在够用的基础之上越少越好,例如楼梯、台阶等看线可设为一层。

2. 图层的设置和命名

调用方法如下:

● 菜单:【格式】→【图层】

● 图标:对象特性→▧

● 命令行:LA

(1) 激活图层设置命令,打开【图层特性管理器】对话框,其中列出了图层的名称及其特性值和状态。其功能用于建新图层并设定图层的颜色、线型和线宽,如图 4-4 所示。

(2) 新建图层:单击【新建】按钮,在 0 层下方显示一新图层,默认层名为"图层 1",新图层的颜色、线型和线宽等自动继承 0 层的特性。用户可按需要在对应的名称列表中改变图层的名称,一般情况下以便于记忆为原则,平面图中主要的图层名称有"轴线"、"墙线"、"门窗"、"门窗编号"、"楼电梯"、"轴号"、"房间名称"、"家具"、"轴线尺寸"、

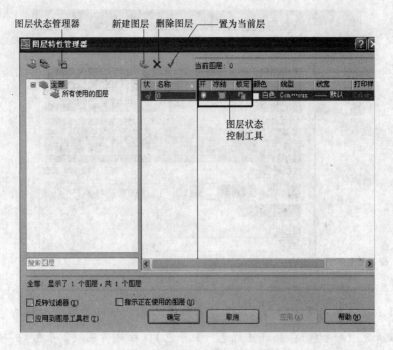

图 4-4 【图层特性管理器】对话框

"细部尺寸"等，有些图层也可以在绘图过程中根据需要而建，如图 4-5 所示。

图 4-5 新建图层

提示：0 层上不可以画图，可以用来定义块。定义块时把所有图元设在 0 层，然后再定义块，这样插入块时，插入时是哪个图层，块就属于那个图层。

（3）图层颜色：颜色在图形中具有非常重要的作用，可用来表示不同的组件、功能和区域，图层的颜色实际上是图层中图形对象的颜色。每一个图层都应具有一定的颜色，对不同的图层设置不同的颜色，这样在绘制复杂的图形时，就可以很容易区分图形的每一个部分。打开【图层特性管理器】对话框。选择对应图层名的颜色图标，如图 4-6 所示。

图 4-6 颜色图标

，图层颜色默认情况下为白色。点击颜色图标打开【选择颜色】对话框，以改变所选层的颜色。在【选择颜色】对话框中，包括【索引颜色】、【真彩色】和【配色系统】三个选项卡，应用索引颜色进行颜色设置，如图 4-7 所示。

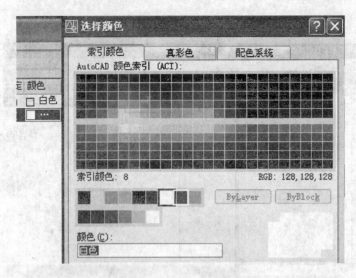

图 4-7　设置图层颜色

📢提示：一般情况下，颜色的设置根据线宽而定，墙体等需要加粗的线的颜色选较亮的颜色，如青色（4 号色）；轴线选红色（1 号色）；柱选黄色（2 号色）；轴线尺寸选绿色（3 号色）等。反之如家具等线型细的则选择颜色较深的 8 号色或 252 号色。

（4）图层线型：【线型】是指作为图形基本元素的线条的组成和显示方式，如虚线、实线等。在 AutoCAD 中，既有简单线型，也有由一些特殊符号组成的复杂线型，利用这些线型基本可以满足不同国家和不同行业标准的要求。

绘制不同的对象，要使用不同的线型，这就需要对线型进行设置。默认情况下，新创建的图层的线型为连续（Continuous）。要改变图层的线型可单击位于【线型】栏下所对应图层的线型名称，将打开【选择线型】对话框，如图 4-8 所示，此对话框列出了已加载进当前图形中的线型。如需加载另外线型，可单击对话框中的 加载(L)... ，显示【加载或重载线型】对话框。在电脑作图过程中，线型的选择和手工绘图保持一致，大部分图层都使用连续线，轴线使用点画线，这时就需要加 ACAD_IS004W100 线型，如图4-9所示。

图 4-8　【选择线型】对话框

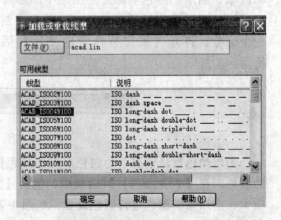

图 4-9　【加载或重载线型】对话框

提示：在绘图过程中遇到点画线或虚线显示情况不正常时，可采用修改现行比例改变其外观。点击【格式】下的【线型】显示细节，在选项组中设置现行的全局比例因子和当前的缩放比例。

（5）图层线宽：线宽的设置实际上就是改变线条的宽度。用不同宽度的线条表现对象的大小或类型，可以提高图形的表达能力和可读性。

单击位于【线宽】栏下对应所选图层名的线宽图标，显示【线宽】对话框，从对话框的列表框中选择适当的线宽值，单击"确定"即可改变图层的线宽，如图 4-10 所示。

3. 图层的管理命令操作

使用【图层特性管理器】对话框不仅可以创建图层，设置图层的颜色、线型及线宽，还可以对图层进行更多的设置与管理，如图层的切换、重命名、删除以及图层的显示控制等。

（1）名称：名称是图层的唯一标记，即图层的名字。在默认情况下，图层的名称按图层 0、图层 1、图层 2 等编号依次递增，为了便于管理，要确立明确的图层名称。以本章案例为例对平面图图层进行设置，如图 4-11 所示。

图 4-10　【线宽】对话框

名称	开	在...	锁	颜色	线型	线宽	打印样式	打
0				□白色	Continuous	默认	Color_7	
定义点				□白色	Continuous	默认	Color_7	
家具				■8	Continuous	—— 默认	Color_8	
门窗				□黄色	Continuous	默认	Color_2	
门窗编号				□白色	Continuous	默认	Color_7	
门窗尺寸				■93	Continuous	默认	Color_93	
墙线				■青色	Continuous	默认	Color_4	
图框				■青色	Continuous	默认	Color_4	
阳台				□黄色	Continuous	默认	Color_2	
轴号				■绿色	Continuous	默认	Color_3	
轴号文字				□白色	Continuous	默认	Color_7	
轴线				■红色	ACAD_ISO04W100 ——	默认	Color_1	
轴线尺寸				■绿色	Continuous	—— 默认	Color_3	
楼梯				■绿色	Continuous	—— 默认	Color_3	

图 4-11　图层特性管理器

（2）图层的打开/关闭（💡/💡）：关闭图层即相应图层上的对象不显示出来（打印时也不会出现），灯泡的颜色为灰色，在关闭当前层时，系统将显示一个消息对话框，警告当前层被关闭，如图 4-12 所示。

（3）图层的冻结/解冻（❄/○）：冻结图层即相应图层上的对象虽然能显示在图形中，但不能选择，也不能修改，同时也不能利用该图层上的对象作为参考对象进行操作（无法捕捉到该图层上的对象）。用户不能冻结当前层，也不能将冻结层改为当前层，否则，将会显示警告信息对话框，如图 4-13 所示。

提示：从可见性来说，冻结的层与关闭的层都是不可见的，但冻结的对象不参加处理过程中的运算，关闭的图层则参加运算。所以在复杂的图形中冻结不需要的图层可以加快系统重新生成图形时的速度。

图 4-12　当前图层关闭对话框　　　　　　　　　　图 4-13　冻结图层不能设为当前层

（4）图层的打开/锁定（　/　）：锁定图层即相应图层上的对象能够显示出来，能够选择该图层上的对象，但不能对该图层上的对象进行修改。由于能够选择到图层上的对象，所以能利用该图层上的对象作为参考对象进行操作（即能利用对象捕捉功能捕捉到该图层上的对象）。

（5）切换当前层：在【图层特性管理器】对话框的图层列表中，选择某一图层后，单击"当前"按钮，即可将该层设置为当前层。这时，用户就可以在该层上绘制或编辑图形了。为了操作方便，实际绘图时，主要通过"图层"工具栏中的图层控制下拉列表实现图层的切换，如图 4-14 所示，这时只需选择要将其设置为当前层的图层名即可。

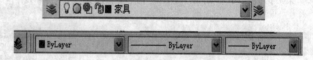

4.2.3　绘制平面图

图 4-14　图层工具栏和对象特性工具栏

1. 绘制轴线

（1）单击【图层】→【图层特性管理器】下拉按钮，选取轴线层作为当前层。

（2）利用【直线】命令与【偏移】命令绘制轴网。

1）单击　沿 X 方向绘制一条 24000mm 的直线作为 X 轴方向的基线，沿 Y 方向绘制一条 17000mm 的直线作为 Y 方向的基线，如图 4-15 所示。

2）单击　把 X 轴方向的直线依次偏移 3600mm、2850mm、1350mm、1350mm、2850mm、3600mm。

3）单击　在 Y 轴方向的直线依次偏移 1400mm、4200mm、2100mm、2700mm、2100mm，如图 4-16 所示。

图 4-15　XY 轴基线

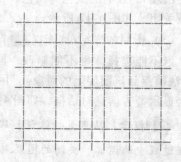

图 4-16　轴网

2. 绘制轴线圈并标注轴线号

（1）绘制轴线圈、标注轴线号。

1）将 0 层设为当前层。

2）调用【圆】命令，绘制半径为 500mm 的圆。

3）调用【单行文字】命令，在轴圈内单击输入字高为 700mm 的轴号。

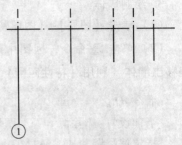

4）调用【移动】命令，调整数字位置使其居中，如图 4-17 所示。

图 4-17　绘制轴圈轴号

（2）绘制全部轴圈轴号。利用捕捉工具，对已画出的轴圈轴号进行多重复制，然后调用【DDEdit】进行编号修正，如图 4-18 所示。

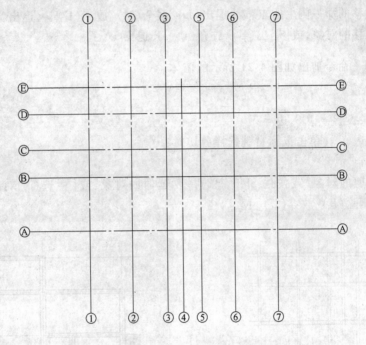

图 4-18　轴号编辑

（3）修剪轴网。单击【修剪】命令进行修剪，轴网绘制完成，如图 4-19 所示。

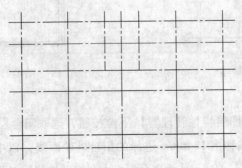

图 4-19　修剪轴网

3. 绘制墙体

（1）单击【图层】→【图层特性管理器】下拉按钮，选取墙线层作为当前层。

（2）单击 ⚒ 命令，因图中墙体为 240mm 厚轴线居中，所以轴线两边各偏移 120mm，偏移出墙体（利用【特性匹配】工具转换线型），如图 4-20 所示。

> 命令:O ↙
> 当前设置:删除源 = 否　图层 = 源　OFFSETGAPTYPE = 0
> 指定偏移距离或［通过(T)］<15.0000>:120 ↙
> 选择要偏移的对象,或[退出(E)/放弃(U)]<退出>:
> 指定要偏移的那一侧上的点,或[退出(E)/多个(M)/放弃(U)]<退出>:
> 选择要偏移的对象,或[退出(E)/放弃(U)]<退出>:
> 指定要偏移的那一侧上的点,或[退出(E)/多个(M)/放弃(U)]<退出>:
> 选择要偏移的对象,或[退出(E)/放弃(U)]<退出>:↙

（3）单击 ⊀ 命令剪出如图 4-21 所示的墙体。

> 命令:TR ↙
> 当前设置:投影 = UCS,边 = 无
> 选择剪切边...（单击鼠标右键选择剪切对象）
> 选择对象:
> 选择要修剪的对象,或按住 Shift 键选择要延伸的对象,或[栏选(F)/窗交(C)/投影(P)/边(E)/删除(R)/放弃(U)]:↙

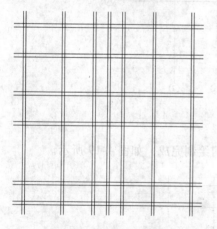

图 4-20　绘制 240 主墙体

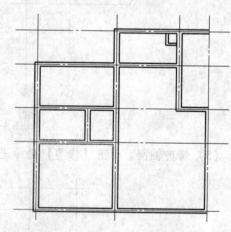

图 4-21　修改全部墙体

4. 绘制阳台

（1）单击【图层】→【图层特性管理器】下拉按钮，选取阳台层作为当前层。

（2）单击 ⚒ 沿 X 轴偏移出 1340mm 进深的阳台外轮廓线，以中心线为基准向外左右各偏移 1 次，偏移距离为 15mm、60mm 作为阳台栏板，利用【修剪】工具修剪，如图 4-22 所示。

（3）单击 ⚒ 沿 X 轴偏移出 4200mm、沿 Y 轴偏移出 1400mm 进深的阳台中心线，以中

心线为基准向外左右各偏移 1 次，偏移距离为 15mm、60mm，以作为阳台栏板，利用【修剪】工具修剪，如图 4-23 所示。

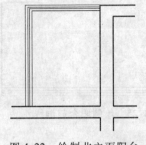

图 4-22　绘制北立面阳台

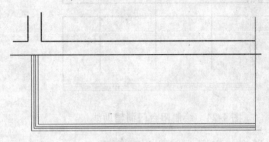

图 4-23　绘制南立面阳台

5. 绘制门窗层

（1）单击【图层】→【图层特性管理器】下拉按钮，选取门窗层作为当前层。

在绘制门窗之前，要先确定门窗的位置，门窗洞口的大小，在给定的位置打断墙体，留出门窗洞口。一般情况下，砖混结构门垛要留出 120mm 的距离，窗居中放置。用直线命令连接墙体，向内偏移 80mm 绘制出平窗线，门可以直接调用做好的门块放到门洞的位置。

（2）在给定的位置单击【直线】命令，利用捕捉工具找到中点画辅助线、再利用【偏移】、【修剪】工具打断墙体，留出门洞口，如图 4-24、图 4-25 所示。

```
命令:L↙
LINE 指定第一点:(利用捕捉工具捕捉中心点画辅助线)
指定下一点或[放弃(U)]:
指定下一点或[放弃(U)]:↙
命令:O↙
当前设置:删除源 = 否　图层 = 源　OFFSETGAPTYPE = 0
指定偏移距离或[通过(T)]<1340>:1200↙
选择要偏移的对象,或[退出(E)/放弃(U)]<退出>:
指定要偏移的那一侧上的点,或[退出(E)/多个(M)/放弃(U)]<退出>:
选择要偏移的对象,或[退出(E)/放弃(U)]<退出>:
指定要偏移的那一侧上的点,或[退出(E)/多个(M)/放弃(U)]<退出>:
选择要偏移的对象,或[退出(E)/放弃(U)]<退出>:↙
命令:TR↙
当前设置:投影 = UCS,边 = 无
选择剪切边 …
选择对象:(单击鼠标右键)↙
选择要修剪的对象,或按住 Shift 键选择要延伸的对象,或[栏选(F)/窗交(C)/投影
(P)/边(E)/删除(R)/放弃(U)]:↙
```

（3）单击 ⌕ 选择内墙线，向左偏移 120mm，然后再选择偏移线段，再向左偏移 900mm。

（4）单击 ⟋ 延伸两条偏移线段，调用【修剪】工具修剪室内门洞，用同样的命令修剪

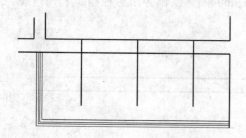

图 4-24　绘制阳台门洞辅助线

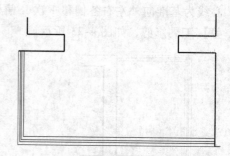

图 4-25　绘制阳台门洞线

出所有门窗洞，如图 4-26 所示。

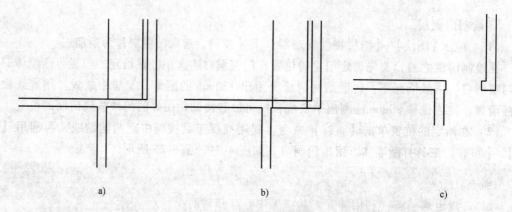

a)　　　　　　　　　　　　　　　b)　　　　　　　　　　　　　　　c)

图 4-26　门窗线绘制

a）偏移墙线　　b）延伸墙线　　c）修剪完成的门洞

📢提示：入户门墙垛为 60mm，阳台推拉门门洞制作方法参照窗洞的制作方法。

（5）重复利用上述工具与编辑方法制作出全部门窗洞，如图 4-27 所示。

（6）单击✎，用直线命令连接墙体，向内偏移 3 次，偏移距离为 80mm、40mm、80mm 绘制出平窗线，如图 4-28 所示。

（7）单击✎，用直线命令连接墙体，绘制凸窗线，如图 4-29 所示。

命令:L↙
LINE 指定第一点:↙
指定下一点或［放弃(U)］:480 ↙
指定下一点或［放弃(U)］:1800 ↙
指定下一点或［闭合(C)/放弃(U)］:480 ↙
指定下一点或［闭合(C)/放弃(U)］:↙

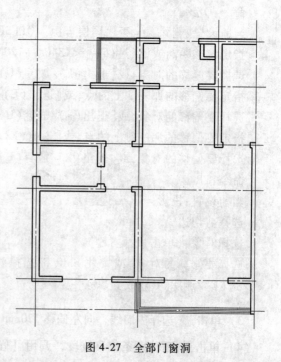

图 4-27　全部门窗洞

（8）单击 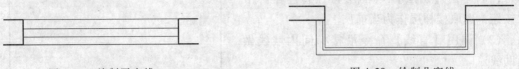，以内窗线为基点分别向外偏移 40mm、80mm，调用【修剪】命令修剪。

图 4-28 绘制平窗线　　　　　　　　图 4-29 绘制凸窗线

（9）单击 🔳可以直接调用做好的门块放到门洞的位置，如图 4-30 所示。

命令:insert ↙
指定插入点或［比例（S）/X/Y/Z/旋转（R）/预览比例（PS）/PX/PY/PZ/预览旋转（PR）］:s ↙
指定 XYZ 轴比例因子:100 ↙
指定插入点:(利用捕捉插入门)

执行此命令需关闭除墙线、阳台、门窗、轴线之外的所有图层，锁定轴线层。

6. 绘制右边单元

单击 🔼选择所绘图形进行镜像操作，画出右半部分，如图 4-31 所示。

命令:mirror ↙
选择对象:
指定对角点:找到 189 个
11 个在锁定的图层上。↙
选择对象:↙
指定镜像线的第一点:
指定镜像线的第二点:↙
是否删除源对象？［是(Y)/否(N)］< N >:↙

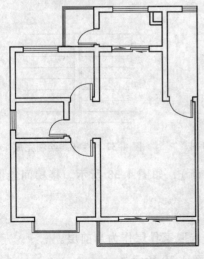

图 4-30 全部门窗绘制完成

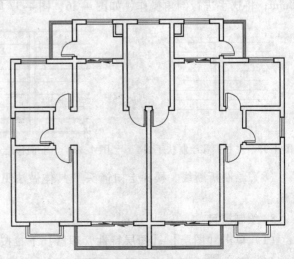

图 4-31 单元平面图

7. 绘制楼梯

（1）单击【图层】→【图层特性管理器】下拉按钮，选取楼梯层作为当前层。

（2）调用【直线】命令沿楼梯间内墙线做辅助线。

（3）调用【偏移】命令，设定偏移距离为1200mm，选择辅助线向下偏移，如图 4-32 所示。

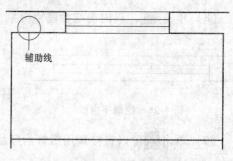

图 4-32　绘制第一条踏步线

（4）重复偏移命令设定偏移距离为 270mm，选择第一条偏移线向下偏移出 8 个踏步，如图 4-33 所示。

（5）制作梯井，调用【直线】命令，利用捕捉工具沿跑线中心点做辅助线。调用【偏移】命令沿辅助线左右各偏移 50mm，如图 4-34 所示。

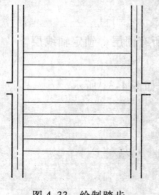

图 4-33　绘制踏步

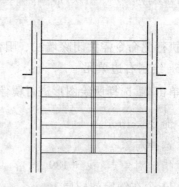

图 4-34　绘制梯井线

（6）删除中间辅助线，修剪梯井。调用【偏移】命令把左右两边梯井线各偏移 20mm，再偏移 30mm 作为楼梯扶手，如图 4-35 所示。

（7）调用【偏移】命令，选择最底端和顶端楼梯跑线分别向外侧偏移 20mm 再偏移30mm；将扶手进行倒角操作，如图 4-36、图 4-37 所示。

图 4-35　左右偏移绘制扶手线

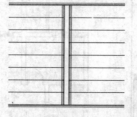

图 4-36　上下偏移绘制扶手线

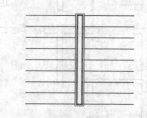

图 4-37　栏杆线绘制完成

（8）绘制折断线、楼梯走向箭头（具体做法见第 2 章），如图 4-38 所示。楼梯间绘制完成。

8. 绘制家具

（1）单击【图层】→【图层特性管理器】下拉按钮，选取家具层作为当前层。

（2）单击 在图库中调用家具图块，布置房间，如图 4-39 所示。

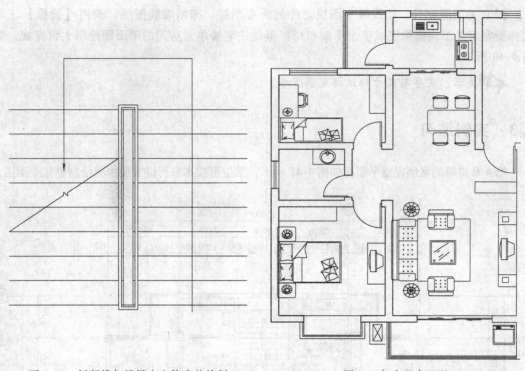

图 4-38　折断线与楼梯走向箭头的绘制　　　　　　　图 4-39　家具布置图

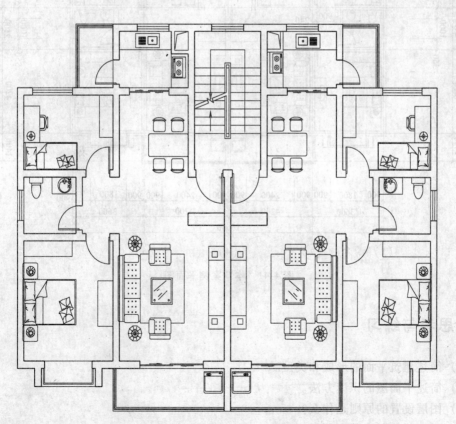

图 4-40　完整单元房间平面图

（3）关闭除家具、墙线两个图层之外的所有图层，冻结墙线图层，调用【镜像】工具选择所有家具图块镜像完成整个平面布局。至此住宅楼单元房间的平面图绘制大致完成，如图 4-40 所示。

提示：文字与尺寸标注详见第 5 章。

4.3　实例练习

第 4 章讲解的案例完整平面图如图 4-41 所示，学生可按本章所讲方法步骤绘制整张平面图。

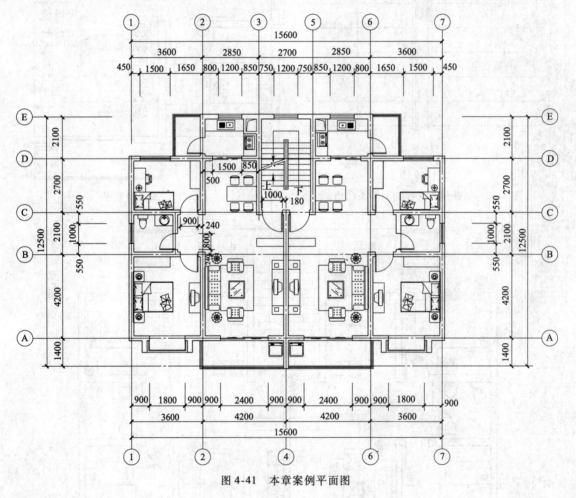

图 4-41　本章案例平面图

4.4　思考与练习

（1）简述建筑平面的形成和类型。

（2）简述平面图的识读方法。

（3）图层设置的原则是什么？

（4）平面图绘制步骤有哪些？

第5章 文字与尺寸

在建筑工程图设计中，文字编辑与尺寸标注是绘图设计工作中的一项重要内容，因为绘制图形的根本目的是反映对象的形态，而图形中各个对象的内容需要通过文字说明来表达，其真实大小和相互位置经过尺寸标注后才能确定。本节着重介绍文字的标注、编辑方法，尺寸标注及标注编辑命令。

◆**本章要点：**
◆文字的使用与编辑
◆尺寸标注概述
◆编辑标注对象

5.1 文字的使用与编辑

文字是工程图样中不可缺少的一部分。为了完整地表达设计思想，除了正确地使用图形表达物体的形状、结构外，还要在图样中标注尺寸、注写技术要求、填写标题栏等。这些内容都需要应用大量的文字和表格。AutoCAD 提供了很强的文字处理功能，中文版还提供了符合国家标准的汉字和西文字体，使工程图样中的文字清晰、美观，增强了图形的可读性。本节着重介绍字体格式标准、文字样式的设置以及文字输入的方法。

5.1.1 字体格式标准

在手绘制图时期，书写工程字作为一项技能，是每个设计师必备的。随着 AutoCAD 在设计界的应用，文字、文字样式的选择越来越多，但仍要遵循制图规范中有关文字尺寸和间距的规定。

书写文字的基本要求如下。

（1）字体工整、笔画清楚、间隔均匀、排列整齐。

（2）图样上及说明中的汉字应采用长仿宋体，大标题、图册封面上的汉字可写成其他字体。字高与字宽比为3∶2，字距约为字高的1/4，行距为字高的1/3，各字号的高度和宽度关系如表5-1所示。

表5-1 长仿宋体字宽高关系 （单位：mm）

项目	字号					
	20	14	10	7	5	3.5
字高	20	14	10	7	5	3.5
字宽	14	10	7	5	3.5	2.5

（3）如需书写更大的字，其高度应按$\sqrt{2}$的比值递增，汉字的字高不应小于3.5mm。

（4）数字及字母在图样上的书写分直体和斜体两种。它们和中文字混合书写时应稍低于书写仿宋体的高度。斜体书写应向右倾斜，并与水平线成 75°。图样上数字应采用阿拉伯数字，其高度应不小于 2.5mm。

（5）字体高度与图纸幅面之间的关系如表 5-2 所示。

表 5-2　AutoCAD 中字高与图幅的关系

字体高度	图幅				
	A0	A1	A2	A3	A4
汉字	5mm		3.5mm		
字母和数字					

5.1.2　设置文字样式（ST）

在图形中书写文字时，首先要确定采用的字体、字符的高宽以及放置方式，这些参数的组合称为样式。默认的文字样式名为 Standard，用户可以建立多个文字样式，但只能选择其中一个为当前样式（汉字和字符，应分别建立文字样式和字体），且样式名与字体要一一对应。

调用方法如下：

- 菜单栏：【格式】→【文字样式】
- 命令行：ST

调用该命令后，弹出【文字样式】对话框，如图 5-1 所示。

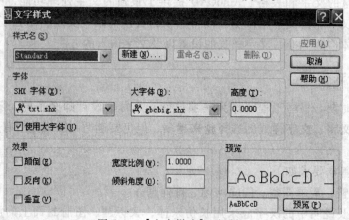

图 5-1　【文字样式】对话框

（1）单击【新建】按钮显示如图 5-2 所示的【新建文字样式】对话框，单击"确定"按钮便建立了一个新的文字样式名。

（2）在【字体名】列表中选择字体名称，确定字体样式为"常规"，如图 5-3 所示。

图 5-2　新建文字样式名称

🔊提示：字体样式根据需要选择【使用大字体】或【常规】选项。【高度】为

0.0000 表示可在写字时设置高度，也可在此输入字高。

（3）在【效果】列表中设置宽度比例和角度，如图 5-4 所示。

图 5-3 字体设置

提示：方形仿宋字体宽度比例为 1.0000，长形仿宋字体宽度比例为 0.7500。【倾斜角度】设置根据文字制图标准进行。

图 5-4 宽度比例和角度设置

5.1.3 文字输入

AutoCAD 中文字输入包括两种方式：单行文本输入法（DTEXT）和多行文本输入法（MTEXT）。

1. 单行文本输入（DT）

单行文本是指一行字为一个独立对象、具有统一特性的文本，在 AutoCAD 图样中输入少量文字可以使用单行文本命令实现，如工程图样中的图名、明细表、标题栏、技术要求等的填写。

调用方法如下：

- 菜单栏：【绘图】→【文字】→【单行文字】
- 文字工具栏：A
- 命令行：DT

命令:DT✓
当前文字样式：FSZ
当前文字高度：2.5000
指定文字的起点或 [对正(J)/样式(S)]：J✓
指定高度 :5✓
指定文字的旋转角度 :✓
输入文字：(输入文本)✓

指定文字的起点：定义文本输入的起点，默认情况下对正点为左对齐。

对正（J）：选择文字的对正方式。包含多种对正方式。

样式（S）：可以设置当前使用的文字样式。

提示：DTEXT 命令应用于书写文字的时候，空格键不再起回车的作用，而是回归本来用途。

2. 多行文本输入（MT）

文字输入方式的另一种方法是利用多行文字编辑器向图中输入多行文字，用这种方法可以一次标注多行文本，且各行文本都按照指定宽度对齐排列，并成为一个完整统一的实体，其内容可以在多行文本编辑器中直接输入，也可从外部文档导入。多行文字编辑器将文字作为一个对象来处理，特别适合于处理成段的文字，其功能远远比单行文本输入命令强大、灵活。

调用方法如下：

- 菜单栏：【绘图】→【文字】→【多行文字】
- 文字工具栏：A
- 命令行：MT

命令：MT ↙

当前文字样式："Standard"　当前文字高度:2.5

指定第一角点：

指定对角点或［高度(H)/对正(J)/行距(L)/旋转(R)/样式(S)/宽度(W)］：

指定对角点：此项为默认项。确定另一角点后，AutoCAD 将以两个点为对角点形成的矩形区域的高度作为文字高度。

高度：指定多行文字的字符高度。

对正：选择文字的对齐方式，同时决定了段落的书写方向。

行距：指定多行文字间的间距。

旋转：指定文字边框的旋转角度。

样式：为多行文字对象指定文字样式。

宽度：为多行文字对象指定宽度。

用户设置了各选项后，系统会再次显示前面的提示。当用户指定了矩形区域的另一点后，将出现如图 5-5 所示的多行文字编辑器。该编辑器的对话框中有四个选项卡，分别用于字符格式化、改变特性、改变行距以及查找和替换文字。

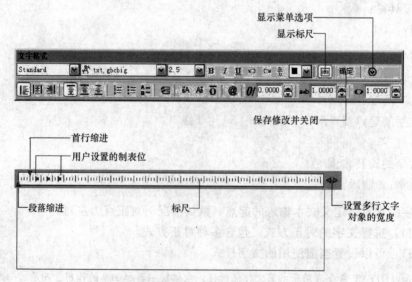

图 5-5　多行文字编辑器

(1)【字符】用于控制所标注文字的字符格式，包括文字的字体、字高、颜色等。该选项卡的各按钮功能如下。

1) 字体：从下拉列表框中选择字体。

2）字高：在输入框中输入字高值或在下拉列表中选择字高值。

3）颜色：在下拉列表中选择颜色，一般选择随层。

（2）【特性】用于设置多行文字对象的特性。包括文字的式样、排列方式、文字行的宽度、倾斜角度等。

（3）【行距】选项卡用于调整多行文字之间的行距。

（4）【查找／替换】用于查找用户指定的字符串，并且用新的文字替换查找到的字符串。

输入并编辑完多行文字对象后，单击"确定"按钮，退出多行文字编辑器，并在图形中指定的位置插入对象。

5.1.4 文本编辑

对已标注文本进行修改、编辑时，可采用【DDEdit】命令和【属性管理器】两种方法。

1.【DDEdit】编辑方法

调用方法如下：

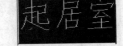

- 菜单栏：【修改】→【对象】→【文字】→【编辑文字】

图 5-6 编辑单行文本

- 命令行：ED

- 双击要修改的文字

命令：ED↙

选择注释对象或［放弃(U)］：

选择要修改的文本，如果所选是单行文本则会出现如图 5-6 所示的内容，此时只能对文字内容进行修改；若选择多行文本则弹出如图 5-7 所示的对话框，此时可根据前面介绍的方法进行修改。

图 5-7 多行文本编辑

2.【特性】编辑方法

调用方法如下：

- 菜单栏：【修改】→【特性】

- 工具栏：

- 命令行：<Ctrl> +1

在利用【特性】进行编辑时，允许一次选择多个文本实体统一进行编辑，特性编辑器如图 5-8 所示。

5.1.5 实例操作

调出第 4 章平面图，根据需求设置文字样式。

（1）命令：ST↙

输入命令调出对话框，单击【新建】设置样式名，如图5-9所示。

（2）设置字体与宽度比例，如图5-10所示。然后单击【应用】，字体样式设置完成。

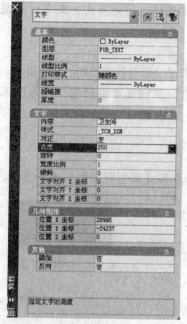

图5-9 设置样式名

图5-8 特性编辑器

图5-10 字体与宽度比例设置

（3）单击【单行文字】命令标注文字与门窗编号，如图5-11所示。

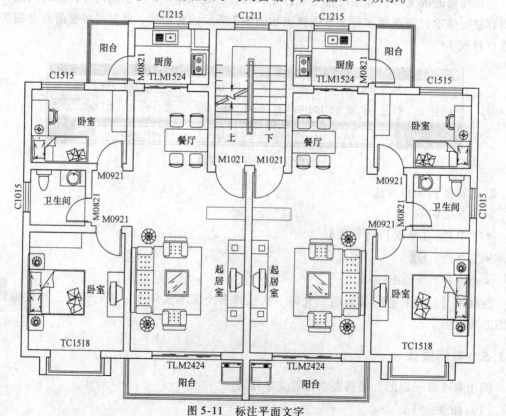

图5-11 标注平面文字

5.2 尺寸标注概述

AutoCAD 2006 包含了一套完整的尺寸标注命令和实用程序，用户使用它们足以完成图纸中要求的尺寸标注。用户在进行尺寸标注之前，必须了解 AutoCAD 2006 尺寸标注的组成、标注样式的创建和设置方法。

5.2.1 尺寸标注的规则及组成

在 AutoCAD 2006 中，对绘制的图形进行尺寸标注时应遵循以下规则：

（1）物体的真实大小应以图样上所标注的尺寸数值为依据，与图形的大小及绘图的准确度无关。

（2）图样中的尺寸以毫米为单位时，不需要标注计量单位的代号或名称。如采用其他单位，则必须注明相应计量单位的代号或名称，如度、厘米及米等。

（3）图样中所标注的尺寸为该图样所表示的物体的最后完工尺寸，否则应另加说明。

（4）一般物体的每一尺寸只标注一次，并应标注在最后反映该结构最清晰的图形上。

在建筑制图或其他工程绘图中，一个完整的尺寸标注应由尺寸文本、尺寸线、尺寸界线、尺寸线起止符号等组成，如图 5-12 所示。

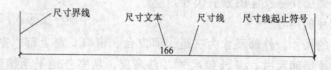

图 5-12 尺寸标注的组成

5.2.2 建筑工程图中尺寸标注的要求

建筑工程图中，尺寸分为定位尺寸、定量尺寸、总尺寸三种。绘图时应根据设计深度和图纸用途确定所需标注的尺寸。

1. 建筑工程图中尺寸标注的尺寸基本规定

（1）尺寸单位：一般图形的单位为毫米，总平面图的尺寸单位为米并取 2 位小数。

（2）标高单位为米，一般图形取 3 位小数，如 ±0.000；总平面图取 2 位小数。

（3）轴线圆的直径不小于 8mm，亦不宜大于 10mm，字体一律大写。

（4）指北针的圆，其直径为 24mm，指针尾部宽度宜取 3mm。

（5）尺寸线间的间距以 8~10mm 为宜。

（6）字体控制高度：说明文字为 3.5mm，标题文字为 7mm，数字为 2.5mm。

（7）详图索引圆直径为 10mm，详图圆直径为 14mm。

（8）轴线编号：横向轴线用阿拉伯数字编写，纵向轴线采用拉丁字母编写（其中 I、O、Z 除外）。

2. 平面图应标注的内容

（1）建筑物的各部分尺寸，纵、横方向均应标注三道尺寸，即门窗洞口、墙垛与轴线的关系尺寸、轴线间尺寸及总外包尺寸。

（2）内门的尺寸及其定位尺寸（洞口与临近墙体、轴线的关系）。

（3）每道墙均应有墙厚尺寸，其标注方法是标注与轴线的关系尺寸，柱子应有断面尺寸及与轴线的关系尺寸。

（4）标注出轴线编号。

（5）标注出房间名称或以编号形式注出（应在图外标注出编号含义）。

（6）标高以"m"为单位，取3位小数；尺寸以"mm"为单位。图中不必注出"m"、"mm"等字样。

（7）标注门、窗代号，可以选用标准图号，也可以自行编号，采用后者时，应在门窗表中注明出处。

（8）墙体外侧构造做法（散水、台阶、雨罩、挑檐、窗台等）的尺寸。

（9）剖面图的剖切位置及编号，可用"A—A"、"1—1"等方式注写。

（10）其他必须标注出的内容，如材料图例、详图索引等。

3. 立面图应标注的内容

（1）两端轴线编号。

（2）垂直方向上的三道尺寸，即分尺寸、层高尺寸及总外包尺寸。

（3）标注出室外地平、首层地面、各层楼面、顶板结构上表面、檐口和屋脊上皮的有关相对标高。

（4）标注材料做法代号及详图索引代号。

4. 剖面图应标注的内容

（1）垂直方向的尺寸。外部尺寸为三道，即窗台、窗口、窗上部；室内外高差及细部尺寸；室内外高差及层间尺寸；总外包尺寸（总高度，从室外地平至檐部）；内部尺寸为门、窗高等尺寸。

（2）水平方向的尺寸，只标注轴线间尺寸，轴线圆内应编号。

（3）室内地坪、室外地坪、各层楼面、檐口顶部的标高。

（4）标注出各处做法的代号。

（5）标注出必要的详图索引编号。

（6）其他必须标注出的内容，如材料图例、详图索引等。

5. 总平面图应标注的内容

（1）新建建筑物的外包尺寸及与地基的关系尺寸。

（2）地基尺寸（以米为单位）。

（3）室外地坪的标高（以米为单位，取2位小数）。

（4）首层地坪的绝对标高值。

（5）道路尺寸，出入口标志等。

5.2.3 标注样式的设置（D）

【尺寸标注样式】命令可以控制标注的格式和外观，建立强制执行的绘图标准，并有利于对标注格式及用途进行修改。

调用方法如下：

- 菜单栏：【格式】→【标注样式】

● 菜单栏：【标注】→【标注样式】

● 工具栏：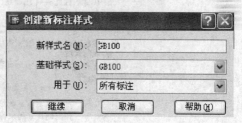

● 命令行：D

激活命令调出对话框，如图 5-13 所示。

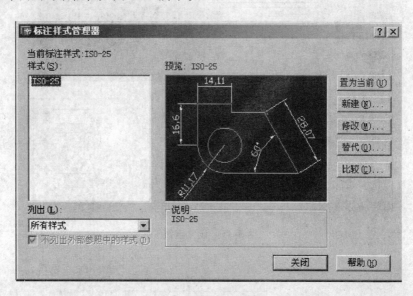

图 5-13 标注样式管理器

1. 新建标注样式名称

在【标注样式管理器】中单击【新建】弹出如图 5-14 所示的对话框，根据第 4 章平面图的绘制需求设置样式名称，平面图比例为 1：100，因此根据制图规范样式名可定为 GB100。

2. 设置直线

（1）单击【继续】弹出对话框以设置直线，如图 5-15 所示。

图 5-14 新建标注样式

（2）对【尺寸线】一栏进行设置，如图 5-16 所示。

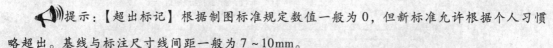提示：【超出标记】根据制图标准规定数值一般为 0，但新标准允许根据个人习惯略超出。基线与标注尺寸线间距一般为 7～10mm。

（3）对【尺寸界线】一栏进行设置，如图 5-17 所示。

3. 设置符号和箭头

【符号和箭头】选项卡可以设置箭头、圆心标记、弧长符号和半径标注折弯的属性，如图 5-18 所示。

在【箭头】一栏中根据建筑制图规则设置箭头形式与箭头大小。在【圆心标记】一栏中，可以设置圆或圆弧的圆心标记类型和大小。其中，选择【标记】选项可对圆或圆弧绘制圆心标记；选择【直线】选项，可对圆或圆弧绘制中心线；选择【无】选项，则没有任何标记。当选择【标记】或【直线】单选按钮时，可以在【大小】文本框中设置圆心标记的大小。

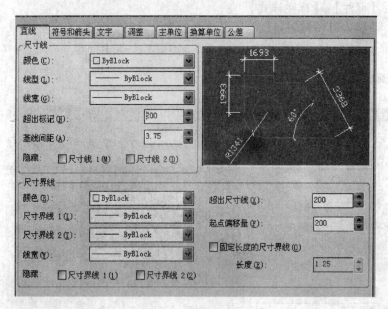

图 5-15 设置直线

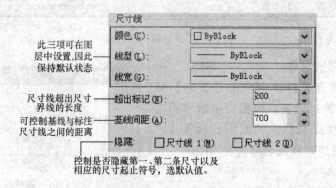

图 5-16 【尺寸线】选项卡

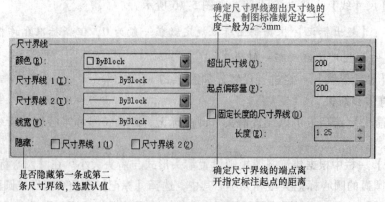

图 5-17 设置尺寸界线

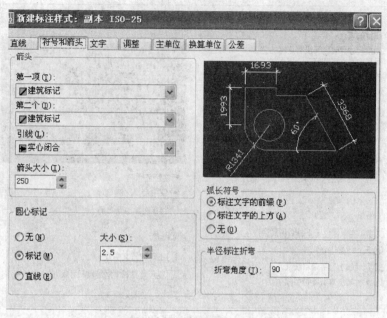

图 5-18　符号和箭头的设置

4. 设置文字

（1）打开【文字】选项卡，对【文字外观】一栏进行设置，如图 5-19 所示。

（2）对【文字位置】一栏进行设置，如图 5-20 所示。

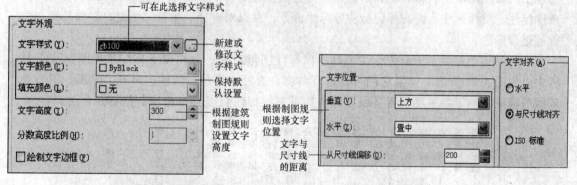

图 5-19　文字外观的设置　　　　　　　　　　　图 5-20　文字位置的设置

5. 调整

当尺寸界线之间没有足够的空间同时放置标注文字和箭头时，应从尺寸界线之间移出相关对象，具体设置如图 5-21 所示。

6. 主单位与换算单位的设置

建筑制图时，在【主单位】中只对单位精度进行设置即可【换算单位】则保持默认值。

对标注尺寸样式的各选项卡设置完毕后点击【确定】，返回初始对话框选择【置为前】后关闭对话框，这样就完成了"GB100"的建筑尺寸标注样式设置。

📢提示：设置其他比例样式时可在 1:100 的比例基础之上按倍数放大或缩小数值。

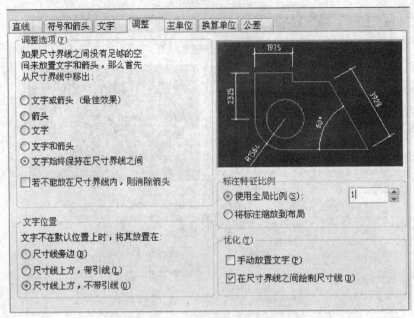

图 5-21　调整选项卡设置

5.2.4　标注工具的使用

用户在了解尺寸标注的组成与规则、标注样式的创建和设置方法后，接下来就可以使用标注工具标注图形了。AutoCAD 中提供了完善的标注命令，例如使用直径标注、半径标注、角度标注、线性标注、圆心标记标注等标注命令，可以对直径、半径、角度、直线及圆心位置等进行标注。

AutoCAD 中提供了十余种标注工具用以标注图形对象，分别位于标注菜单或标注工具栏中，如图 5-22 所示。使用它们可以进行角度、直径、半径、线性、对齐、连续、圆心及基线等标注。本章将主要介绍【线性标注】、【基线标注】、【连续标注】的标注方法。

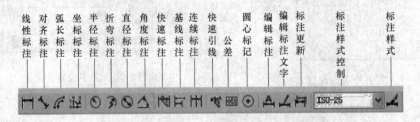

图 5-22　尺寸标注工具栏及尺寸标注菜单

（1）线性标注（DLI）：可创建用于标注用户坐标系 XY 平面中的两个点之间的距离测量值，并通过指定点或选择一个对象来实现。

调用方法如下。

- 菜单栏：【标注】→【线性标注】。
- 工具栏：
- 命令行：DLI。

命令：DLI ↙
　指定第一条尺寸界线原点或 ＜选择对象＞：（利用捕捉工具捕捉尺寸界线原点）
　　指定第二条尺寸界线原点：指定尺寸线位置或［多行文字(M)/文字(T)/角度(A)/水平(H)/垂直(V)/旋转(R)］：
　　标注文字 ＝61

多行文字（M）：通过对话框输入尺寸文本。
文字（T）：通过命令行输入尺寸文本。
角度（A）：尺寸文本旋转角度。
水平（H）：标注水平尺寸。
垂直（V）：标注垂直尺寸。
旋转（R）：确定尺寸线旋转角度。
标注结果如图 5-23 所示。

（2）基线标注（DBA）：可以创建一系列由相同的标注原点测量出来的标注。与连续标注一样，在进行基线标注之前也必须先创建（或选择）一个线性、坐标或角度标注作为基准标注。

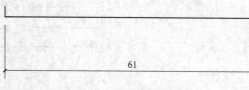

图 5-23　线性标注

调用方法如下：
- 菜单栏：【标注】→【基线标注】
- 工具栏：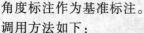
- 命令行：DBA

命令：BDA ↙
选择基准标注：（利用捕捉工具）
指定第二条尺寸界线原点或［放弃(U)/选择(S)］＜选择＞：
标注文字 ＝ 13
指定第二条尺寸界线原点或［放弃(U)/选择(S)］＜选择＞：
标注文字 ＝ 24
指定第二条尺寸界线原点或［放弃(U)/选择(S)］＜选择＞：
选择基准标注：↙

标注结果如图 5-24 所示。

（3）连续标注（DCO）：可以创建一系列端对端放置的标注，每个连续标注都从前一个标注的第二个尺寸界线处开始。

在进行连续标注之前，必须先创建（或选择）一个线性、坐标或角度标注作为基准标注，以确定连续标注所需要的前一尺寸标注的尺寸界线，然后执行连续标注命令。

调用方法如下：
- 菜单栏：【标注】→【连续标注】
- 工具栏：

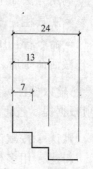

图 5-24　基线标注

- 命令行：DCO

命令：DCO↙
指定第二条尺寸界线原点或［放弃(U)/选择(S)］＜选择＞：
标注文字 = 9
指定第二条尺寸界线原点或［放弃(U)/选择(S)］＜选择＞：
标注文字 = 21
指定第二条尺寸界线原点或［放弃(U)/选择(S)］＜选择＞：
标注文字 = 28
指定第二条尺寸界线原点或［放弃(U)/选择(S)］＜选择＞：
选择连续标注：↙

标注结果如图 5-25 所示。

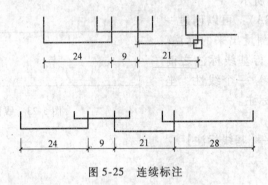

图 5-25　连续标注

5.3　编辑标注对象

在 AutoCAD 2006 中，可以对已标注对象的文字、位置及样式等内容进行修改，而不必删除所标注的尺寸对象再重新进行标注。编辑标注对象有五种方法。

1.【特性管理器】编辑尺寸标注（＜CTRL＞+1）

【特性管理器】编辑尺寸标注是指选择所要编辑的尺寸，调用【特性】对话框进行修改。

2.【编辑标注】编辑尺寸标注（DED）

调用方法如下：

- 工具栏：▲
- 命令行：DED

激活命令后，命令行提示如下：

　输入标注编辑类型［默认(H)/新建(N)/旋转(R)/倾斜(O)］＜默认＞：(输入所需选项根据提示进行编辑)。

默认：按默认位置方向放置尺寸文字。
新建：用多行文字编辑器来修改指定尺寸对象的尺寸文字。
旋转：将尺寸文字按指定角度旋转。

倾斜：用于调整线性标注的尺寸界线的倾斜角度。通常系统生成的线性标注的尺寸界线与标注线是正交的。

3. 编辑标注文字的位置（DIMTED）

调用方法如下：

- 工具栏：

- 命令行：DIMTED

激活命令后，命令行提示如下：

> 指定标注文字的新位置或［左(L)/右(R)/中心(C)/默认(H)/角度(A)］：

默认情况下，可以通过拖动光标来确定尺寸文字的新位置，也可以输入相应的选项指定标注文字的新位置。

4. 更新标注（DIM）

调用方法如下：

- 菜单栏：【标注】→【更新】

- 工具栏：

- 命令行：dimstyle ↙

激活命令后，命令行提示如下：

> 输入标注样式选项［保存(S)/恢复(R)/状态(ST)/变量(V)/应用(A)/?］<恢复>：
> 回到 Dim：(提示下输入 E ↙完成更新)

5. 尺寸关联

尺寸关联是指所标注尺寸与被标注对象有关联关系。如果标注的尺寸值是按自动测量值标注，且尺寸标注是按尺寸关联模式标注的，那么改变被标注对象的大小后相应的标注尺寸也将发生改变，即尺寸界线、尺寸线的位置都将改变到相应的新位置，尺寸值也改变成新测量值。反之，改变尺寸界线起始点的位置，尺寸值也会发生相应的变化。在【用户系统配置】选项卡中选中【关联标注】进行设置，如图 5-26 所示。

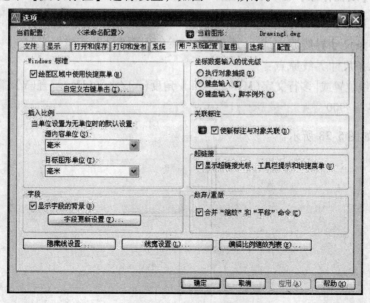

图 5-26　尺寸关联设置

5.4 实例练习

打开第 4 章平面图，如图 5-27 所示。进行尺寸标注步骤如下。

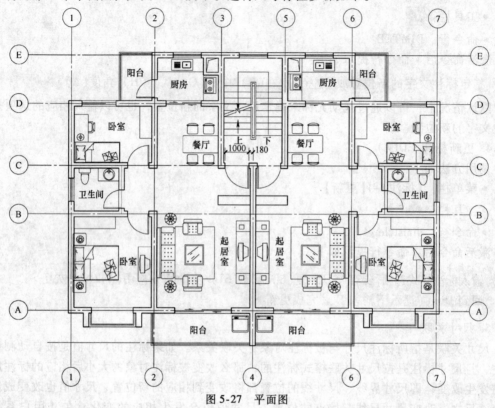

图 5-27 平面图

（1）调用【线性标注】工具，标注第一个基准标注（1 轴～飘窗左侧窗洞）。

命令：DLI↙
指定第一条尺寸界线原点或 ＜选择对象＞:（利用捕捉工具捕捉点）
指定第二条尺寸界线原点:
指定尺寸线位置或[多行文字(M)/文字(T)/角度(A)/水平(H)/垂直(V)/旋转(R)]:
标注文字 = 900

标注结果如图 5-28 所示。

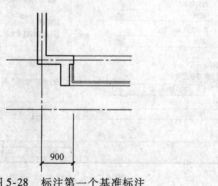

900

图 5-28 标注第一个基准标注

（2）调用【连续标注】命令进行标注。

> 命令：DCO ↙
>
> 指定第二条尺寸界线原点或 ［放弃（U）/选择（S）］ ＜选择＞：
>
> 标注文字 ＝ 1800
>
> 指定第二条尺寸界线原点或 ［放弃（U）/选择（S）］ ＜选择＞：
>
> 标注文字 ＝ 900
>
> 指定第二条尺寸界线原点或 ［放弃（U）/选择（S）］ ＜选择＞：
>
> 标注文字 ＝ 900
>
> 指定第二条尺寸界线原点或 ［放弃（U）/选择（S）］ ＜选择＞：
>
> 选择连续标注：↙

利用连续标注把第一道尺寸线标注完成，如图 5-29 所示。

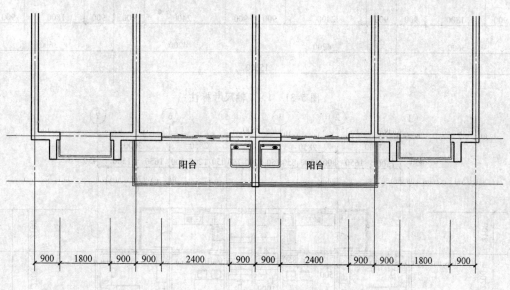

图 5-29　标注第一道尺寸

（3）调用【线性标注】命令进行标注。

> 命令：DLI ↙
>
> 指定第一条尺寸界线原点或 ＜选择对象＞：
>
> 指定第二条尺寸界线原点：
>
> 创建了无关联的标注。
>
> 指定尺寸线位置或
>
> ［多行文字（M）/文字（T）/角度（A）/水平（H）/垂直（V）/旋转（R）］：800
>
> 标注文字 ＝ 3600

（4）调用【连续标注】标出其他尺寸，如图 5-30 所示。

（5）总尺寸标注方法同第（3）步，到此 1~7 轴南面尺寸标注完成，如图 5-31 所示。

（6）其余三面尺寸标注方法与上述相同，最终效果如图 5-32 所示。

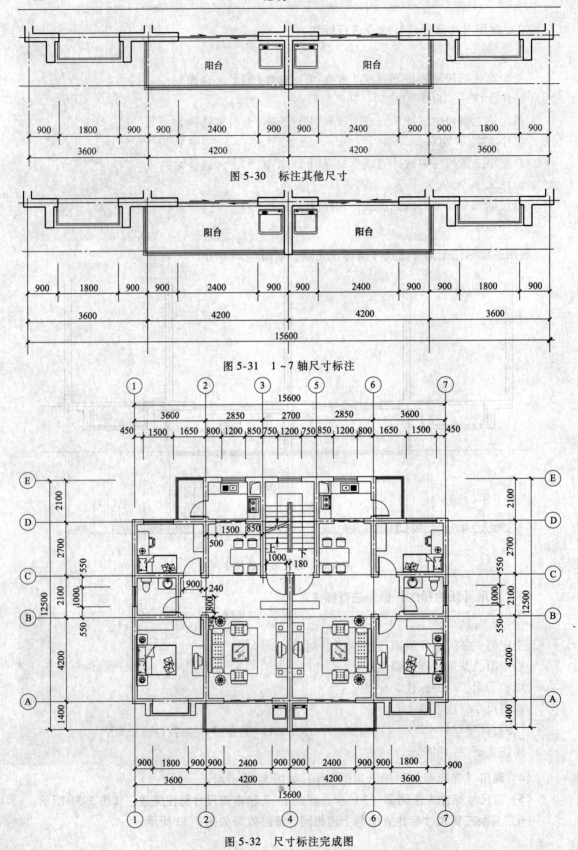

图 5-30 标注其他尺寸

图 5-31 1~7轴尺寸标注

图 5-32 尺寸标注完成图

5.5　思考与练习

（1）文字编辑的方法有几种？

（2）编辑多行文字的步骤及要求是什么？

（3）尺寸标注的规则是什么？

（4）建筑工程图尺寸标注的规定及要求是什么？

第6章 绘制建筑立面图

本章着重介绍建筑立面图的基本知识与绘制的全过程，并通过一个实例来演示从轮廓线到细部的绘制，使学生掌握如何利用 AutoCAD 绘制一个完整的建筑立面图的方法。建筑立面图是建筑设计中的一个重要组成部分，通过本章的学习，学生需达到了解建筑立面图与建筑平面图的区别，并能够独立完成建筑立面图的绘制的要求。

◆**本章要点：**

◆建筑立面图的基础知识

◆建筑立面图的绘制过程

6.1 建筑立面图的基础知识

在具体绘制立面图之前，首先要熟悉立面图的基础知识，本节将建筑立面图的一些基本知识概括如下。

6.1.1 建筑立面图的概念

建筑立面图是建筑物在与建筑物立面平行的投影面上投影所得的正投影图，它展示了建筑物外貌和外墙面装饰材料，是建筑施工中控制高度和外墙装饰效果的技术依据。对建筑物东、西、南、北每一个立面都要画出它的立面图，通常建筑立面图是根据建筑物的朝向来命名的，例如南立面图、北立面图、东立面图、西立面图等；也可以根据建筑物的主要入口来命名，如正立面图、背立面图、侧立面图等。

一般情况下，建筑物的每一面都应该绘制立面图，但有时侧立面图比较简单或者与其他立面图相同，此时则可以略去不画。当建筑物有曲线侧面时，可以将曲线侧面展开绘制，从而反映建筑物的实际情况。

6.1.2 建筑立面图的绘制内容

在绘制建筑立面图之前，首先要知道建筑立面图的内容，建筑立面图的内容主要包括以下部分：

（1）图名、比例以及此立面图所反映的建筑物朝向。

（2）建筑物立面的外轮廓线形状、大小。

（3）建筑立面图定位轴线的编号。

（4）建筑物立面造型。

（5）外墙上建筑构配件，如门窗、阳台、雨水管等的位置和尺寸。

（6）外墙面的装饰。

（7）立面标高。

（8）详图索引符号。

6.1.3　建筑立面图的阅读步骤

建筑立面图的阅读和建筑立面图的绘制同样重要，建筑立面图应按照下列步骤阅读：

（1）明确立面图反映的是建筑物哪个立面以及绘图比例。

（2）定位轴线及其编号。

（3）外墙面门和窗的种类、形式、数量。

（4）立面的细部构造。

（5）外墙面的装饰情况、装饰材料。

（6）详图索引符号，配合详图阅读。

6.1.4　建筑立面图的绘制要求

建筑立面图的绘制要求和建筑平面图相似，这里将它归纳为以下 7 点：

（1）首先选定图幅，根据要求选择图纸的大小。建筑图纸共分 5 种，详见 3.2.2 节。

（2）比例。用户可以根据建筑物大小，采用不同的比例绘制立面图。绘制立面图常用的比例有 1：50、1：100、1：200，一般采用 1：100 的比例。当建筑物过小或过大时，可以选择 1：50 或 1：200 的比例。

（3）定位轴线。立面图一般只绘制两端的轴线及其编号，与建筑平面图相对照，以方便阅读。

（4）线型。在建筑立面图中，轮廓线通常采用粗实线，以增强立面图的效果；室外地平线一般采用加粗实线；外墙面上的起伏细部，例如阳台、台阶等也可以采用粗实线；其他部分，例如文字说明、标高等一般采用细实线绘制即可。

（5）图例。立面图一般也要采用图例来绘制图形。一般来说，立面图所有的构件（例如门窗等）都应该采用国家有关标准规定的图例来绘制，而相应的具体构造会在建筑详图中采用较大的比例来绘制。常用构造以及配件的图例可以查阅有关建筑规范（《建筑制图标准》GB/T 50104—2001）。

（6）尺寸标注。建筑立面图主要标注各楼层及主要构件的标高。

（7）详图索引符号。一般建筑立面图的细部做法均需要绘制详图，凡是需要绘制详图的地方都要标注详图符号。

6.1.5　建筑立面图的绘制步骤

第 4 章中案例的建筑正立面图如图 6-1 所示。

在 AutoCAD 中，绘制建筑立面图的常见步骤如下：

（1）设置绘图环境。

（2）使用平面图绘制定位轴线、外墙的轮廓线、门窗定位线，根据建筑层高绘制地平线、各层的楼面线。

（3）绘制外墙面构件，例如门窗、阳台等。

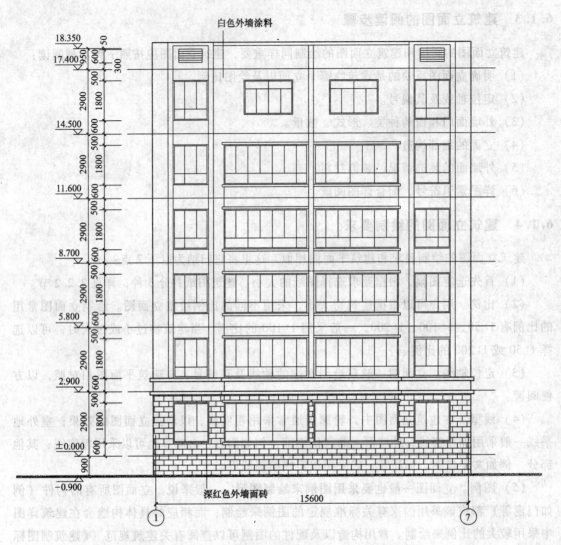

图 6-1　正立面图

（4）绘制建筑物细部，例如外墙装饰线等。

6.2　建筑立面图的绘制过程

本节将利用上节中所介绍的知识，通过第 4 章平面图的多层住宅实例，具体讲述如何利用 AutoCAD 绘制建筑立面图。

6.2.1　绘图环境的设置

1. 调用 A3 图框文件

（1）调用命令：【文件】→【新建】→【Template】→A3 样板图框，如图 6-2 所示。

（2）输入命令：

命令：SCALE ✓

选择对象：

指定对角点：找到 32 个

选择对象：

指定基点：

正在恢复执行 SCALE 命令。

指定基点：

指定比例因子或［参照（R）］：100 ✓

（3）设置图形界限：【视图】→【缩放】，或直接在命令行输入命令。

命令行：Z ✓

指定窗口角点，输入比例因子（nX 或 nXP），或

［全部（A）/中心点（C）/动态（D）/范围（E）/上一个（P）/比例（S）/窗口（W）］＜实时＞：A ✓

📢提示：作图区域要根据作图所需图纸大小设定，本章案例总尺寸为（12500，18500），所以选定 A3 图纸，作图比例为 1∶100，即按 1∶1 作图原则把图纸放大 100 倍。

2. 图层设置

（1）调用方法如下。

◉ 调用命令：▨。

◉ 命令行：LA ✓。

● 系统弹出【图层特性管理器】对话框。

（2）在【图层特性管理器】对话框中

图 6-2　图形单位对话框

单击 新建(N) 按钮，为墙创建一个图层，然后在列表区的动态文本框中输入"墙"，最后单击【确定】按钮完成隔墙图层的设置。采用同样的方法，依次创建门窗、阳台、尺寸标注、辅助线等图层，如图 6-3 所示。

名称	开	在..	锁.	颜色	线型	线宽	打印样式	打
0	♀	◎	◪	□白色	Continuous	—— 默认	Color_7	⚙
标高标注	♀	◎	◪	■绿色	Continuous	—— 默认	Color_3	⚙
尺寸标注	♀	◎	◪	■绿色	Continuous	—— 默认	Color_3	⚙
辅助线	♀	◎	◪	■32	Continuous	—— 默认	Color_32	⚙
阳台	♀	◎	◪	■132	Continuous	—— 默认	Color_132	⚙
门窗	♀	◎	◪	■绿色	Continuous	—— 默认	Color_3	⚙
墙	♀	◎	◪	■青色	Continuous	—— 默认	Color_4	⚙

图 6-3　新建图层

3. 尺寸与文字的设置

尺寸和文字均可按第 5 章所讲方法进行设置，在此不再详述。

6.2.2　绘制立面图

打开第 4 章平面图，如图 6-4 所示，绘制南立面定位轴线。可在绘图的时候准确定位，其绘制步骤如下：

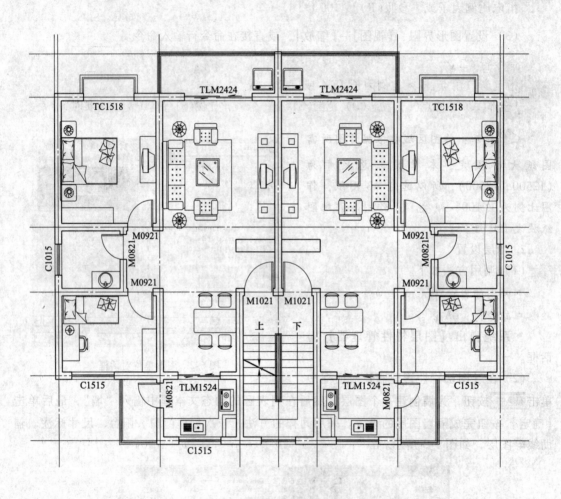

图 6-4　平面图

1. 绘制辅助线

（1）打开"正交"辅助工具。

（2）将辅助线层置为当前，调用【直线】命令，绘制地平线，如图 6-5 所示。

（3）绘制水平辅助线：调用【复制】命令，以地平线为基线将水平线按照建筑室内地平高度 900、窗户及阳台距楼面高 600 及建筑楼层层高 2900 进行复制，距离分别为 900、600、2900、600、2900、600、2900、600、2900、600、2900、600、2900、600，最后复制

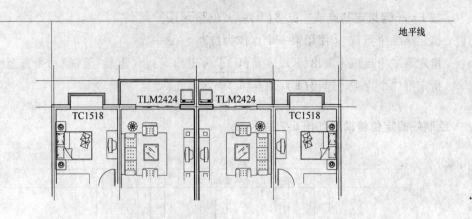

图 6-5　绘制地平线

女儿墙高度 1200。绘制好的水平辅助线如图 6-6 所示。

（4）绘制垂直辅助线：以平面图第一号轴线为基线画一条高度为 18500 的垂直线，然后将这条垂线按照平面图上墙轮廓线、轴线、门窗等的位置进行复制。

图 6-6　绘制水平辅助线

命令：LINE（绘制垂直辅助线）

命令：COPY（复制垂直辅助线）

选择对象：

指定对角点：找到 1 个↙（选定垂直辅助线）

选择对象：

按 Enter 键指定基点或［位移(D)］＜位移＞：↙

指定第二个点或 ＜使用第一个点作为位移＞：↙

指定第二个点或［退出(E)/放弃(U)］＜退出＞：↙（重复"复制"命令直至绘制完成）

指定第二个点或［退出(E)/放弃(U)］↙

绘制好的定位辅助线如图 6-7 所示。

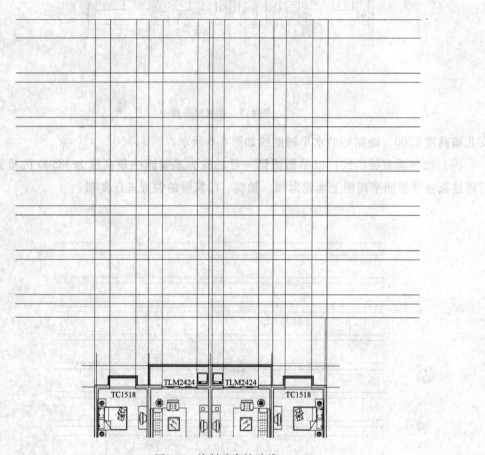

图 6-7　绘制垂直辅助线

2. 绘制窗户及阳台

在建筑立面图中，门窗、阳台均为重要的图形对象，它们反映了建筑物的采光状况。在绘制之前，应观察该立面图上共有多少种窗户及阳台。在本例中，有两种窗户及一种阳台，如图 6-8 所示，窗的尺寸为 1800mm × 1800mm 和 2400mm × 1800mm，阳台的尺寸为 4200mm × 1800mm。

（1）绘制尺寸为 1800mm × 1800mm 的窗户的步骤如下。

1）将门窗层置为当前。图层的线型设置为"Continuous"，线宽为默认。同时打开状态

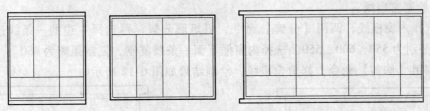

图 6-8 窗和阳台的样式

栏中的对象捕捉辅助工具，选择端点和中点对象捕捉方式。

2）绘制窗户的辅助线。

3）调用【矩形】命令，绘制窗的外轮廓。

> 命令:RECTANG
> 指定第一个角点或［倒角（C）/标高（E）/圆角（F）/厚度（T）/宽度（W）］:
> 指定另一个角点或［面积（A）/尺寸（D）/旋转（R）］:@1800,1800↙

4）调用【偏移】命令，绘制窗的外框。

> 命令:O↙
> 当前设置:删除源=否 图层=源 OFFSETGAPTYPE=0
> 指定偏移距离或［通过（T）/删除（E）/图层（L）］<通过>:50
> 选择要偏移的对象,或［退出（E）/放弃（U）］<退出>:
> 指定要偏移的那一侧上的点,或［退出（E）/多个（M）/放弃（U）］<退出>:
> 选择要偏移的对象,或［退出（E）/放弃（U）］<退出>:↙

5）再次重复【偏移】命令，偏移距离设为100。把原矩形框向外偏移绘制好窗框，如图 6-9 所示。

6）调用【分解】命令选择中间矩形框进行分解，调用【延伸】命令，延伸上下两条直线，如图 6-10 所示。

图 6-9 绘制窗框

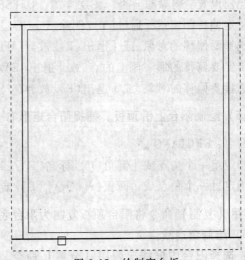

图 6-10 绘制窗台板

7）调用【修剪】命令修剪窗台板，如图 6-11 所示。

（2）绘制窗扇线。

1）选择内窗框线，调用【分解】命令，将矩形分解，再选择左边的一条线进行复制，复制距离分别为 550、600、550。选择内窗框下面一条线复制，复制距离为 450。

2）调用【修剪】命令，修剪窗扇线，绘制结果如图 6-12 所示。

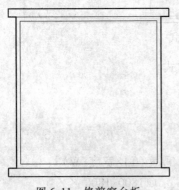

图 6-11　修剪窗台板

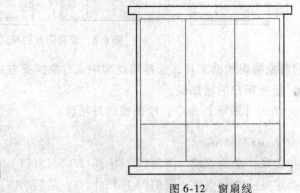

图 6-12　窗扇线

（3）使用同样方法绘制 2400mm × 1800mm 的窗户。

（4）绘制尺寸为 1800mm × 4200mm 的阳台的步骤如下。

1）将阳台层置为当前。图层的线型设置为"Continuous"，线宽为默认，同时打开状态栏中的【对象捕捉】辅助工具，选择端点和中点对象捕捉方式。

2）调用【矩形】命令，绘制阳台的外轮廓。

> 命令：REC ↙
> 指定第一个角点或［倒角（C）/标高（E）/圆角（F）/厚度（T）/宽度（W）］：
> 指定另一个角点或［面积（A）/尺寸（D）/旋转（R）］：@4200,1800 ↙

3）调用【偏移】命令，绘制阳台的外框。

> 命令：O ↙
> 当前设置：删除源 = 否　图层 = 源　OFFSETGAPTYPE = 0
> 指定偏移距离或［通过（T）/删除（E）/图层（L）］＜通过＞:50
> 选择要偏移的对象,或［退出（E）/放弃（U）］＜退出＞:
> 指定要偏移的那一侧上的点,或［退出（E）/多个（M）/放弃（U）］＜退出＞:
> 选择要偏移的对象,或［退出（E）/放弃（U）］＜退出＞:↙

（5）绘制阳台上沿顶板。捕捉阳台矩形右上角点，选择【矩形】命令绘制。

> 命令：RECTANG ↙
> 指定第一个角点或［倒角（C）/标高（E）/圆角（F）/厚度（T）/宽度（W）］：
> 指定另一个角点或［面积（A）/尺寸（D）/旋转（R）］：@4300,100 ↙

使用【复制】命令将阳台顶板复制为阳台底板，如图 6-13 所示。

（6）绘制窗扇线。

1）选择阳台内框线，调用【分解】命令，将矩形分解，再选择左边的一条线进行复制，复制距离分别为 550，600，600，600，600，600，550。选择内窗框下面一条线复制，复制距离为 450。

2）调用【修剪】命令，修剪阳台窗扇线，绘制结果如图 6-14 所示。

图 6-13　阳台顶板及底板

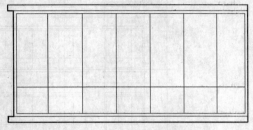

图 6-14　阳台窗扇线

3. 插入立面窗

1）调用【复制】命令选择尺寸为 1800mm×1800mm 立面窗，利用捕捉功能将其插入立面楼层，如图 6-15 所示。利用同样方法插入阳台窗，如图 6-16 所示。

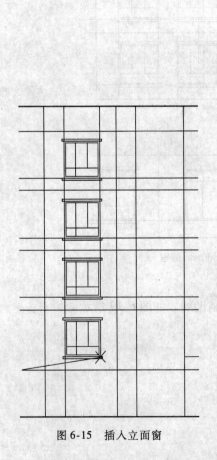

图 6-15　插入立面窗

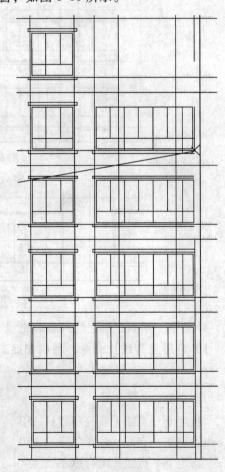

图 6-16 阳台窗

2）调用【镜像】命令，选择所有立面窗利用中点捕捉进行镜像如图 6-17 所示。

3）调用【复制】命令，利用捕捉插入尺寸为 2400mm×1800mm 的窗，如图 6-18 所示。

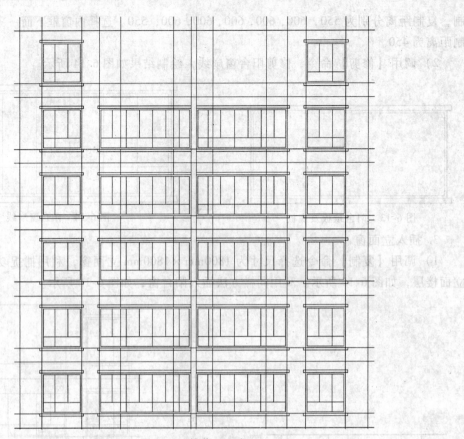

图 6-17　镜像立面窗

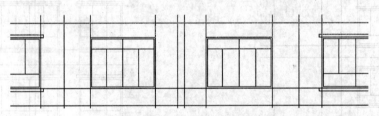

图 6-18　插入尺寸为 2400mm×1800mm 的窗

4. 绘制一层到二层之间外墙装饰线

1）调用【直线】命令，利用捕捉工具绘制装饰条辅助线。如图 6-19 所示。

命令：L

指定第一点：

指定下一点或［放弃（U）］：150

指定下一点或［放弃（U）］：150

指定下一点或［闭合（C）/放弃（U）］：16140

指定下一点或［闭合（C）/放弃（U）］：

指定下一点或［闭合（C）/放弃（U）］：

指定下一点或［闭合（C）/放弃（U）］：↙

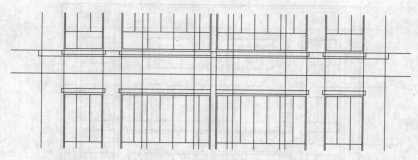

图 6-19　绘制装饰条辅助线

2）调用【修剪】命令修剪装饰条。复制装饰条向下位移 600 并修剪，效果如图 6-20 所示。

图 6-20　装饰条

5. 修剪底层窗线

调用【修剪】命令修剪底层窗线，效果如图 6-21 所示。

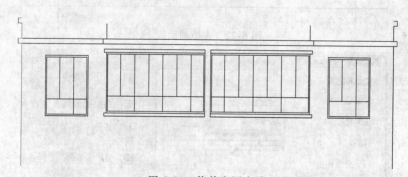

图 6-21　修剪底层窗线

6. 完成细部

（1）使用修剪、删除命令去掉多余的辅助线（在此保留楼面定位辅助线用以尺寸标注定位）。完成如图 6-22 所示。

（2）使用【偏移】命令完成两侧窗户外侧的外墙装饰线。

（3）使用矩形及画线命令完成顶层装饰窗。

（4）使用填充命令填充一层外墙。

1）将当前图层设为"装饰"层，将图层的线型设置为"Continuous"，线宽为默认。同时打开状态栏中的【对象捕捉】辅助工具，选择端点和中点对象捕捉方式，填充装饰材料。

2）单击【图案填充】命令，设置填充图案及比例，选择填充范围，如图 6-23 所示。

3）细部处理完成，如图 6-24 所示。

7. 绘制外墙轮廓线

调用【多段线】命令绘制立面外轮廓。

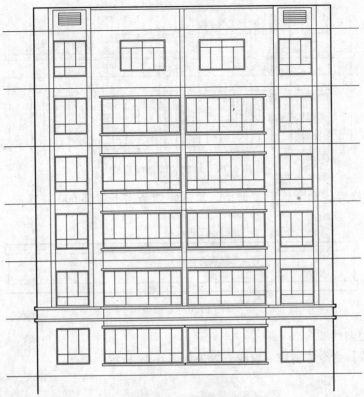

图 6-22　去掉辅助线

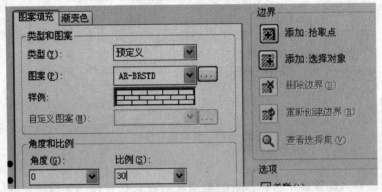

图 6-23　填充设置

命令：PLINE
指定起点：
当前线宽为 0
指定下一个点或［圆弧(A)/半宽(H)/长度(L)/放弃(U)/宽度(W)］：W ↙
指定起点宽度 <100 > : 30 ↙
指定端点宽度 <30 > :↙
指定下一个点或［圆弧(A)/半宽(H)/长度(L)/放弃(U)/宽度(W)］：
指定下一点或［圆弧(A)/闭合(C)/半宽(H)/长度(L)/放弃(U)/宽度(W)］：
指定下一点或［圆弧(A)/闭合(C)/ 半宽(H)/长度(L)/放弃(U)/宽度(W)］：↙

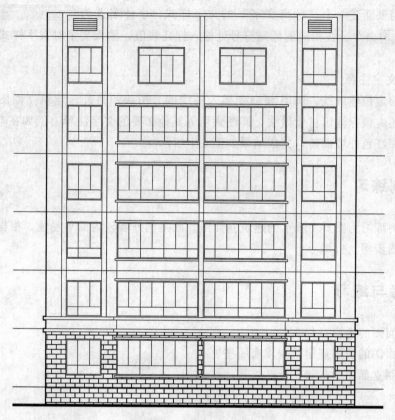

图 6-24　立面图完成细部

立面外轮廓线的绘制如图 6-25 所示。

6.2.3　添加尺寸标注和文字注释

在已绘制的图形中必须添加尺寸标注、文字注释，以使整幅图形的内容和大小一目了然。

1. 添加尺寸标注

立面图标注主要是为了标注建筑物的竖向标高。应该显示出各主要构件的位置和高度，例如室外地平标高，女儿墙的标高，门窗洞的标高以及一些局部尺寸等。在需绘制详图之处，还需添加详图符号。与平面图的标注不同，立面图的标高标注无法利用 AutoCAD 所自带的标注功能来实现。AutoCAD 没有自带立面图标高符号，因此用户需要自己绘制出标高符号，此部分在第 5 章已作介绍，此处不再赘述。在建筑立面图中，还需要标注出轴线符号，与建筑平面图应相对应，从而表明立面图的位置。

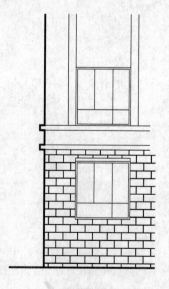

图 6-25　绘制外轮廓线

（1）将标注层置为当前。调用【线性标注】和【连续标注】工具从室外地坪、室内地坪、每层楼面直至女儿墙顶来标注立面尺寸。

（2）调用■命令插入标高符号图块，再调用【复制】命令，把标高符号复制到需要的位置。在此需要新建一个"标高文字"的文字样式，字体名选为 [R gbenor. shx ▾]，高度设为 300，再单击 Ⓐ命令，在相应的标高符号处输入标高数值，输入文字时文字样式选为"标高文字"。

　　2. 添加文字注释

　　去掉楼面定位辅助线，调用 🔳命令插入轴线编号图块。另外，建筑立面图应标注出图名和比例，还应该标注出材质做法、详图索引等其他必要的文字注释。例如在本例中，一层墙面做法是深红色外墙面砖。完成结果如图 6-1 所示。

6.3　实例练习

　　本章实例练习为图 6-1 所示的建筑立面图，此案例外墙较为简单易懂，根据上面章节所述内容及作图步骤上机练习。

6.4　思考与练习

　　（1）立面图的内容是什么？
　　（2）立面图的画图规定及要求有哪些？
　　（3）绘制立面图的步骤是什么？

第7章 绘制建筑剖面图

建筑剖面图主要用来表达房屋内部垂直方向的高度、分层情况，楼地面和屋顶的构造以及各构配件在垂直方向的相互关系。它与平面图、立面图相配合，是建筑施工图的重要图样。

◆ **本章要点：**

◆ 建筑剖面图概述

◆ 绘制过程

7.1 建筑剖面图概述

本节向读者简要介绍建筑剖面图的概念、作用、图示内容、剖切位置及投射方向等内容。

7.1.1 建筑剖面图的概念

假想用一个或一个以上的垂直于外墙轴线的铅垂剖切平面将房屋剖开，移去靠近观察者的部分，对剩余部分所做的正投影图，称为建筑剖面图，简称剖面图，如图7-1所示。

建筑剖面图主要用来表达房屋内部垂直方向的高度、分层情况，楼地面和屋顶的构造以及各构配件在垂直方向的相互关系。它与平面图、立面图相配合，是建筑施工图的重要图样。平面图、立面图、剖面图三图简称"平、立、剖"。

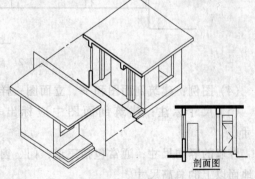

剖面图

图 7-1 剖面图的形成

7.1.2 图示内容及规定画法

1. 图示内容

（1）图名、比例。

（2）墙、柱及其定位轴线。

（3）室内底层地面、地坑、地沟、各层楼面、顶棚，屋顶（包括檐口、女儿墙、隔热层或保温层、天窗、烟囱、水池等）、门、窗、楼梯、阳台、雨篷、留洞、墙裙、踢脚板、防潮层、室外地面、散水、排水沟及其他装修等能剖切到或能见到的内容。

（4）室内外地面、各层楼面与楼梯平台、檐口或女儿墙顶面、高出屋面的水池顶面、烟囱顶面、楼梯间顶面、电梯间顶面等处的标高。

（5）高度尺寸：包括外部尺寸和内部尺寸。

外部尺寸：门、窗洞口（包括洞口上部和窗台）高度，层间高度及总高度（室外地面至檐口或女儿墙顶）。

内部尺寸：地坑深度和隔断、搁板、平台、墙裙及室内门、窗等的高度。

（6）楼、地面各层构造。一般可用引出线说明。引出线指向所说明的部位，并按其构造的层次顺序，逐层加以文字说明。

（7）表示需画详图之处的索引符号。

2. 有关规定和要求

（1）比例：绘制建筑剖面图时，应采用和建筑平、立面图相同的比例。但有时为了更加清楚的表达房屋构造，可采用比平、立面图更大的比例。

（2）定位轴线：在建筑剖面图中通常只需标出两端的轴线及其编号，以便与平面图对照，有时也标出中间轴线。

（3）图线：室内外地平线画加粗线，剖到的墙身轮廓、房间、走廊、楼梯平台的楼板层以及屋顶层用粗实线，其余未剖切可见轮廓线用中粗线表示，门、窗扇及其分隔线、水斗、雨水管等用细实线表示，如图7-2所示。

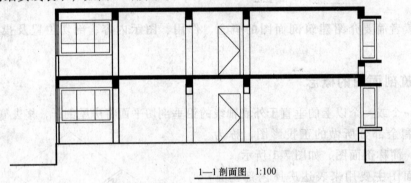

1—1 剖面图　1:100

图 7-2　剖面图图线

（4）图例：建筑剖面图和平、立面图一样也采用图例来表示有关的构配件。

（5）尺寸标注：建筑剖面图中应标出垂直方向尺寸和标高，一般只标注剖到的尺寸。

外墙的竖向尺寸；通常包括三道：门、窗洞及洞间墙等细部的高度尺寸、层高尺寸、室外地面以上的总高尺寸。

局部尺寸：注明细部构配件的高度、形状、位置。

标高：标注室外地坪，以及楼地面、阳台、平台台阶等处的完成面。

7.1.3　剖切位置及投射方向的选择

剖切位置应选择能反映全貌、反映构造特征和有代表性的部位，其数量视建筑物的复杂程度等实际情况而定。如一般剖切位置都选择通过门、窗洞和内部结构、构造比较复杂的部位。为了满足上述要求，如果一个剖切面不能满足则可将剖切平面进行转折。

剖面图应与平面图相结合并对照立面图一起看。剖切平面一般取侧垂面，所得的剖面图为横剖面图；必要时也可取正平面，所得的剖面图为正剖面图。

剖切符号一般标在首层平面图中，短线的指向为投射方向。剖面图编号标在投射方向一侧，若剖切线有转折，则应在转角的外侧加注与该符号相同的编号。

7.2　绘制过程

　　建筑剖面图是在建筑平面图基础上进行绘制的，完成平面图以后利用"长对齐、高平齐、宽相等"的原则进行剖面图的绘制。绘制剖面图，一般先要设置绘图环境、确立剖切位置和投射方向，然后依次是结合平面图绘制定位轴线、墙线、楼层水平定位线、剖面图样、看线等内容。最后标注尺寸与文字。

图 7-3　图形单位对话框

7.2.1　绘图环境的设置

　　1. 调用 A3 图框文件

　　（1）调用命令：【文件】→【新建】→【Template】→A3 样板图框，如图 7-3 所示。

　　（2）输入命令：

> 命令:SCALE ↙
> 选择对象:
> 指定对角点:找到 32 个
> 选择对象:
> 指定基点:
> 正在恢复执行 SCALE 命令。
> 指定基点:
> 指定比例因子或 [参照(R)]:100 ↙

　　（3）设置图形界限：【视图】→【缩放】，或直接在命令行输入命令。

> 命令行:Z ↙
> 指定窗口角点,输入比例因子（nX 或 nXP）,或
> [全部(A)/中心点(C)/动态(D)/范围(E)/上一个(P)/比例(S)/窗口(W)] <实时>:A ↙

　　2. 设置图层

　　（1）调用方法如下。

　　● 调用命令：

　　● 命令行：LA ↙

　　系统弹出【图层特性管理器】对话框。

　　（2）在【图层特性管理器】对话框中单击 新建(N) 按钮，新建图层如图 7-4 所示。

　　3. 设置标注样式与文字

　　（1）调用命令：命令行输入 DST ↙。

　　系统弹出【标注样式管理器】对话框，如图 7-5 所示。

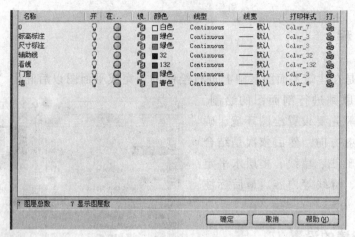

图 7-4 新建图层

（2）单击【新建】按钮，系统弹出【创建新标注样式】对话框，指定新样式名为"GB100"，其他参数采用默认设置，单击继续，进行下一步操作，如图 7-6 所示。

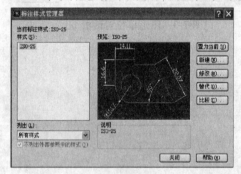

图 7-5 【标注样式管理器】对话框

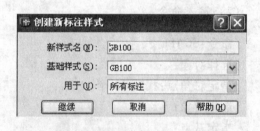

图 7-6 【创建新标注样式】对话框

（3）单击【直线】、【符号和箭头】选项卡设置尺寸线和尺寸界限、箭头以及具体选项和数值，如图 7-7、图 7-8 所示。

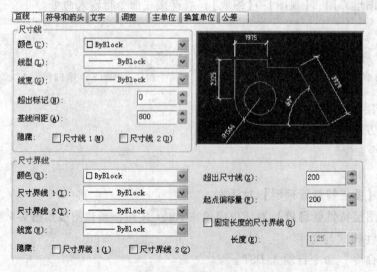

图 7-7 直线的设置

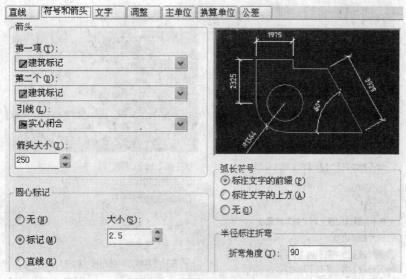

图 7-8　符号和箭头的设置

（4）单击【文字】选项卡，进行文字设置，具体选项与数值如图 7-9 所示。

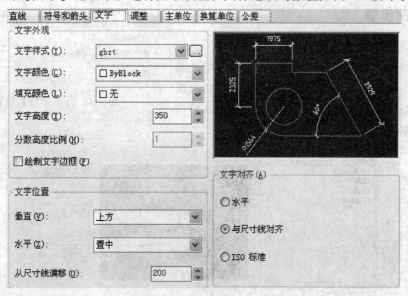

图 7-9　文字设置

（5）单击【调整】选项卡，在【调整】选项卡选项组中选择【文字始终保持在尺寸界线之间】单选按钮，在【文字位置】选项组中选择【尺寸线上方，不带引线】单选按钮，在【标注特征比例】选项组中指定【使用全局比例】为"1"，完成【调整】选项卡的设置，如图 7-10 所示。

（6）单击【主单位】选项卡，在【线性标注】选项组中，单击【精度】列表框后的下拉按钮，在弹出的下拉列表中选择"0"，如图 7-11 所示。

（7）单击【确定】按钮返回【标注样式管理器】对话框，选中新建的标注样式，单击对话框右侧的【置为当前】按钮，然后关闭对话框，回到绘图区，如图 7-12 所示。

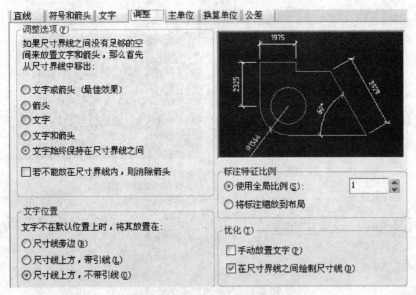

图 7-10　【调整】选项设置

7.2.2　绘图步骤

1. 建立与平、立面图的连接

在具体绘制剖面图时，平面图和立面图均是其生成的基础。平面图提供主要绘图依据，而立面图提供一些层高、门窗高、檐口等有关数据，以辅助剖面图的绘制。

图 7-11　【主单位】设置

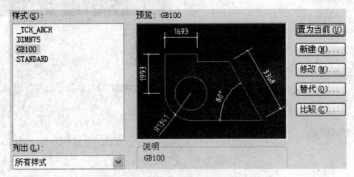

图 7-12　选择标注样式并置为当前

在绘制剖面图前，首先要在平面图中绘制剖切符号，不同的剖切位置，绘制出的剖面图是不一样的，剖切位置如图 7-13 所示。

2. 绘制标准层剖面图

（1）单击辅助线图层置为当前，将平面图旋转（即向上看），然后根据剖切的位置利用 ✏ 命令绘制辅助线 1、辅助线 2。结合立面图，调用 ⬜ 命令把辅助线 2 向上偏移 2900 绘制出层高（辅助线 3）。继续利用【偏移】命令将水平辅助线 2 连续向上偏移 360、140、100、300、1500、350，如图 7-14 所示。

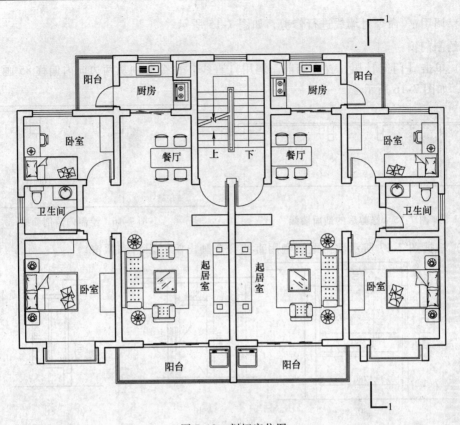

图 7-13　剖切定位图

（2）单击【墙线】图层置为当前，调用 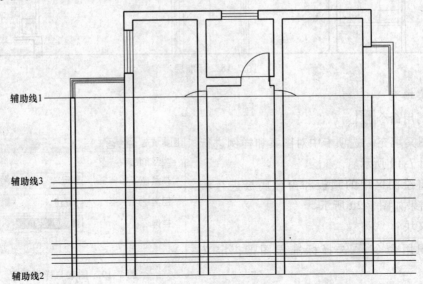 命令，利用捕捉工具画出墙线。

📢 提示：也可用【直线】命令在最左端画 y 轴辅助线再利用【偏移】工具向右进行偏移，偏移数据为 120、1980、240、2460、240、1860、240、3960、240，画出墙线。

图 7-14　绘制辅助线

（3）调用 -/--- 命令对墙线进行修剪，如图 7-15 所示。

3. 绘制门窗

（1）单击【门窗】层，置为当前。调用【直线】命令分别从两边向内偏移 85 画出门洞剖面线，如图 7-16 所示。

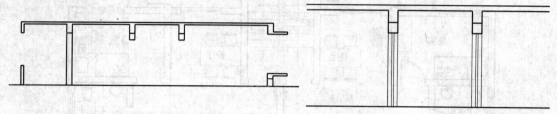

　　图 7-15　修剪后的剖面墙线　　　　　　　图 7-16　绘制门洞剖面线

（2）根据图 7-17 所示数据继续利用直线命令画出门、阳台和飘窗。

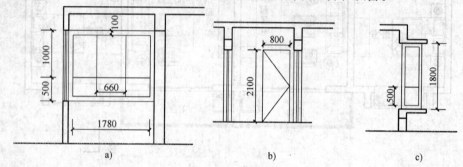

a)　　　　　　　　　　b)　　　　　　　　　　c)

图 7-17　绘制阳台、门、飘窗

a）阳台　b）门　c）飘窗

（3）标准层绘制结果如图 7-18 所示。

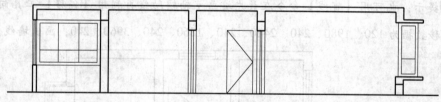

图 7-18　标准层

4. 图案填充

（1）调用命令 ▨

　　在【图案填充】选项卡中对图案和样例进行设置，如图 7-19 所示。

（2）将绘图区中的顶板和窗台底板进行填充。最终结果如图 7-20 所示。

5. 定义块

（1）调用命令 ▧ 选择标准层图形，定义成块。

图 7-19　图案与样例设置

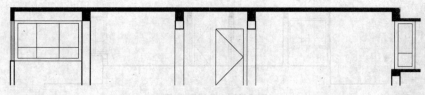

图 7-20 填充结果

（2）调用命令 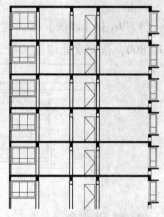 复制 5 个标准层，如图 7-21 所示。

6. 绘制底层剖面图

在标准层剖面图的基础上，对复制的底层剖面图进行修改即可得到所需要的底层剖面图。由于所绘制的剖面图比较简单，只需将复制出的标准层剖面图加底板即可。

（1）单击【墙线】图层，置为当前，调用 命令沿底层楼板位置绘制一条直线作为辅助线，然后调用【偏移】命令向下偏移 900，即室内外高差为 900，作为地平线，沿外墙绘制两根辅助线，如图 7-22 所示。

（2）调用命令，沿辅助线绘制地平线，如图 7-23 所示。

图 7-21 标准层复制结果

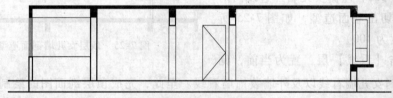

图 7-22 绘制底板辅助线

命令:PL ↙

指定起点: ↙

当前线宽为 0

指定下一个点或［圆弧（A）/半宽（H）/长度（L）/放弃（U）/宽度（W）］:W ↙

指定起点宽度 <5> :50 ↙

指定端点宽度 <50> : ↙

指定下一个点或［圆弧（A）/半宽（H）/长度（L）/放弃（U）/宽度（W）］: ↙

命令:TR ↙

当前设置:投影 = UCS,边 = 无

选择剪切边 … ↙

选择对象: ↙

选择要修剪的对象,或按住 Shift 键选择要延伸的对象,或［栏选（F）/窗交（C）/投影（P）/边（E）/删除（R）/放弃（U）］: ↙

7. 绘制顶层剖面图

在标准层剖面图的基础上绘制顶层剖面图，顶层剖面图主要绘制的是女儿墙及顶部造型部分。

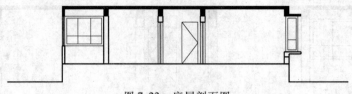

图 7-23　底层剖面图

（1）单击【墙线】层，置为当前。调用 ![icon] 命令在顶层剖面图中绘制辅助线，向上偏移 300、800，作为女儿墙收头线，如图 7-24 所示。

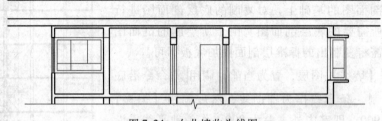

图 7-24　女儿墙收头线图

（2）调用 ![icon] 命令，在阳台和外墙部位引直线，然后调用【偏移】命令把右侧女儿墙外边线向内偏移 600；左侧女儿墙外边线向内偏移 300；剪切出立面造型，如图 7-25 所示（檐口厚度为 100）。

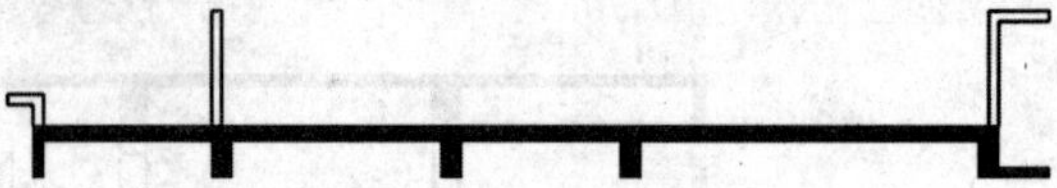

图 7-25　顶层女儿墙剖面造型

（3）单击【看线】层，置为当前，调用 ![icon] 命令绘制女儿墙看线以及外墙装饰墙看线。至此，完成顶层剖面图的绘制，整栋大楼的剖面图如图 7-26 所示。

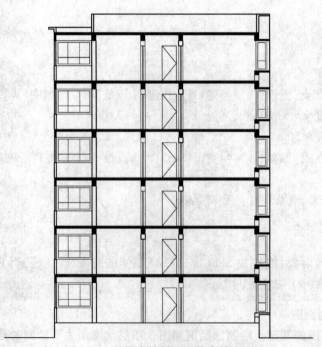

图 7-26　整栋大楼剖面图的绘制效果

8. 尺寸标注和文字说明

（1）单击【标注】层，置为当前。调用【线性标注】和【连续标注】工具标注剖面尺寸，如图 7-27 所示。

（2）调用 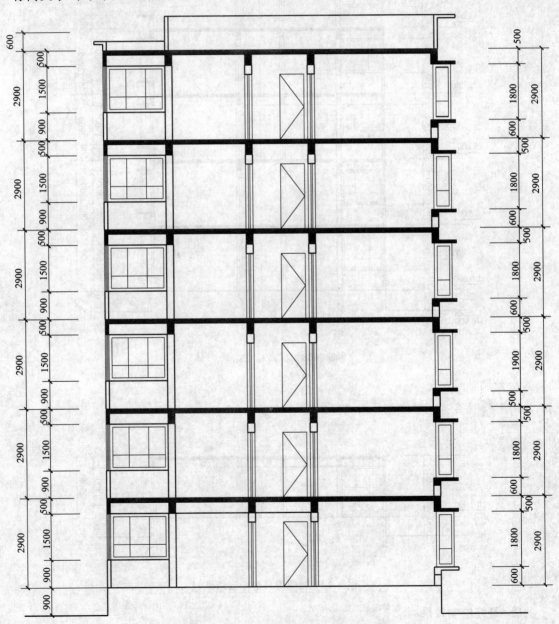 命令插入标高符号图块，再调用【复制】命令，把标高符号复制到需要的位置。在此需要新建一个【标高文字】的文字样式，字体名选为 gbenor.shx ，高度设为 300，再单击 A 命令，在相应的标高符号处输入标高数值，输入文字时文字样式选为"标高文字"，如图 7-28 所示。

图 7-27　尺寸标注结果

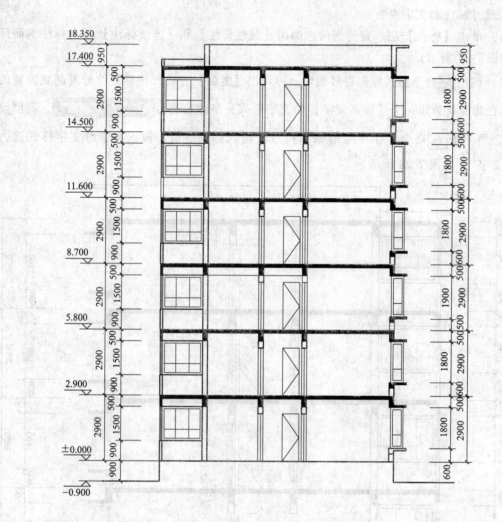

图 7-28　标高标注结果

9. 绘制轴号

调用 命令插入轴线编号图块，如图 7-29 所示。

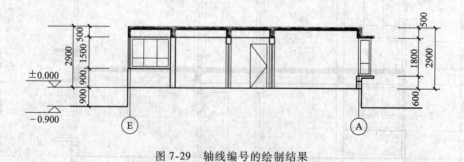

图 7-29　轴线编号的绘制结果

10. 最终绘制效果

建筑剖面图的最终绘制结果如图 7-30 所示。

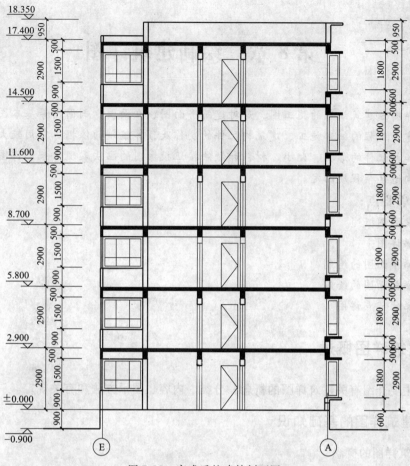

图 7-30 完成后的建筑剖面图

7.3 实例练习

本章实例练习为图 7-30 所示建筑剖面图，此案例结构较为简单易懂，根据上面章节所述内容及作图步骤上机练习。

7.4 思考与练习

（1）剖面图示的内容是什么？

（2）剖面图的画图规定及要求是什么？

（3）绘制剖面图的依据原则是什么？

第 8 章 绘制建筑详图

建筑详图是建筑细部的施工图，是对建筑平面图、立面图、剖面图等基本图样的深化和补充，是建筑工程的细部施工、建筑构配件的制作及预算编制的依据。它用较大的比例将房屋的细部和构配件的形状、大小、材料和做法按正投影图的画法表现出来；详图的图示方法视细部的构造复杂程度而定。

◆ **本章要点：**
◆ 建筑详图概述
◆ 楼梯详图
◆ 楼梯平面图的绘制
◆ 楼梯剖面图的绘制
◆ 楼梯的节点详图

8.1 建筑详图概述

本节主要介绍有关建筑详图的概念、分类、内容、图示方法和有关规定。

8.1.1 建筑详图的基础知识

1. 建筑详图的概念

建筑详图是建筑细部的施工图，因为建筑平面图、立面图、剖面图一般采用较小的比例，某些建筑构配件（如门、窗、楼梯、阳台、装饰等）和某些剖面节点（如檐口、窗顶、窗台、明沟等）部位的式样，以及具体的尺寸、做法和用料等都不能在这些图中表达清楚。根据施工需要必须另外依据基本图样的形状、大小、材料和做法绘制比较大的图样，才能将其表达清楚，这种图样叫建筑详图。它将房屋的细部和构配件用较大的比例按正投影图的画法表现出来，如图 8-1 所示。详图的图示方法视细部的构造复杂程度而定。它是建筑细部的施工图，是对建筑平面图、立面图、剖面图等基本图样的深化和补充，是建筑工程的细部施工、建筑构配件的制作及预算编制的依据。

2. 建筑详图的分类

建筑详图是对房屋细部、构件和配件的详细表述，一般来讲，包括外墙身详图、楼梯详图、卫生间详图、立面详图、门窗详图以及阳台、雨棚和其他固定设施的详图。

（1）构造详图：构造详图指屋面墙身、墙身内外装饰面、吊顶、地面、地沟、地下工程防水、楼梯等建筑部位的用料和构造做法。其中大多数都可以直接引用或参见相应的标准图，否则应绘制节点详图。

（2）配件和设施详图：配件和设施详图主要用来表明门、窗、幕墙、固定的台、柜、架、桌、椅等的用料、形式、尺寸和构造。

（3）装饰详图：此类图一般由装饰公司进行设计。

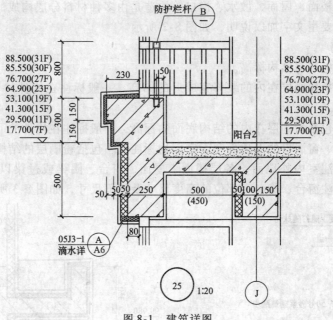

图 8-1　建筑详图

3. 建筑详图的主要内容

（1）详图的名称、比例。

（2）详图符号及其编号以及需另画详图的索引符号。

（3）构配件各部分的构造连接方法及相对应的位置关系。

（4）建筑物构配件的形状以及详细的构造、层次及尺寸。

（5）详细注明各部位和各层次的用料、做法、颜色以及施工要求等。

（6）必要的定位轴线及其编号。

（7）必要的标高。

8.1.2　建筑详图的图示方法和有关规定

为了使建筑详图表达统一和便于识读，必须依据房屋建筑标准确定更为具体的图示方法，其中包括图名、比例、图线、索引符号与详图符号、多层构造引出说明、尺寸和标高。

1. 比例

建筑平面图、立面图、剖面图是全局性图纸，因为建筑物体积较大，所以常采用缩小比例来绘制。建筑详图用来表达建筑细部结构、材料、做法以及尺寸等内容，因此要采用较大比例绘制。常用的比例有 1:1、1:2、1:5、1:10、1:20、1:50 等。

2. 图线

被剖切到的结构层和楼地面的结构层用中实线画。对比较简单的详图，可只采用线宽为 b 和 0.25b 的两种图线。其他与平面图、立面图、剖面图相同。

3. 索引符号与详图符号

在图样中的某一个局部或某个构件，如需另画详图，应用索引号索引（索引号的具体应用方法及规定见第 3 章）。

4. 多层构造引出线

房屋的地面、楼面、屋面、散水、檐口等构造是由多种材料分层构成的,在详图中除画出材料图例外,还要用文字加以说明,如图 8-2 所示。

5. 尺寸与标高

标高包括建筑标高与结构标高。

建筑标高:包括粉刷层在内的装修完成后的标高。一般标注在构件的上顶面,如地面、楼面的标高。

结构标高:不包括粉刷层在内的结构底面的标高,一般标注在构件的下底面,如各梁的底面标高。但是门、窗洞口的上顶面和下底面均标注到不包括粉刷层的结构面。

墙身详图应标注室内外地面、各层楼面、屋面、窗台、圈梁或过梁以及檐口等处的标高。同时,还应标注窗台、檐口等部位的高度尺寸及细部尺寸,如图 8-3 所示。

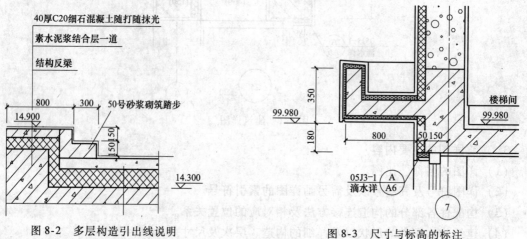

图 8-2　多层构造引出线说明　　　　　　图 8-3　尺寸与标高的标注

8.2　楼梯详图

楼梯是建筑垂直交通的一种主要解决方式,用于楼层之间和高差较大时的交通联系。它除了要满足行走方便,还应保证人流疏散畅通。高层建筑尽管采用电梯作为主要垂直交通工具,但是仍保留了楼梯,供火灾时逃生之用。

1. 楼梯的组成

楼梯一般由楼梯段、平台及栏杆(或栏板)三部分组成,如图 8-4 所示。

(1)楼梯段:楼梯段又称楼梯跑,是楼梯的主要使用和承重部分。它由斜梁和若干个踏步组成,踏步又分踏面和踢面。

(2)平台:平台是指两个楼梯段之间的水平板,有楼层平台和中间平台之分。中间平台的主要作用在于缓解疲劳,让人们在连续上楼时可在平台上稍加休息,故又称休息平台。同时,平台还是梯段之间转换方向的连接处。

(3)栏杆:栏杆是楼梯段的安全设施,一般设置在楼梯段的边缘和平台临空的一边。栏杆必须坚固可靠,并保证有足够的安全高度。

2. 楼梯详图的主要内容

楼梯详图主要反映楼梯的类型、结构形式、各部位的尺寸及踏步和栏板等的装饰做法。

它是楼梯施工、放样的主要依据，一般包括
楼梯平面图、剖面图和节点详图。

3. 楼梯平面图

楼梯平面图是用一个假想的水平剖切平
面通过每层向上的第一个楼梯段的中部（休
息平台下）剖切后，向下作正投影所得到的
投影图。它实质上是房屋各层建筑平面图中
楼梯间的局部放大图，通常采用 1∶50 的比例
绘制。

楼梯平面图主要表明楼梯段的长度和宽
度，上行或下行的方向，踏步数和踏面宽度，
楼梯休息平台的宽度，栏杆扶手的位置以及
其他一些平面形状。三层以上房屋的楼梯，
当中间各层楼梯位置、楼梯段数、踏步数都
相同时，通常只画出底层、中间层（标准）
和顶层三个平面图；当各层楼梯位置、楼梯
段数、踏步数不相同时，应画出各层平面图。
各层被剖切到的楼梯段，均在平面图中以
45°细折断线表示其断开位置。在每一楼梯段
处画带有箭头的指示线，并注写"上"或
"下"字样。

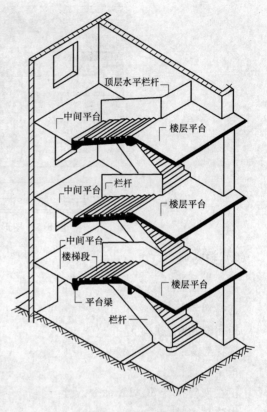

图 8-4 楼梯的组成部分

通常，楼梯平面图画在同一张图纸内，并互相对齐，这样既便于识读，又可省略标注一
些重复尺寸。

4. 楼梯平面图的识读步骤

（1）了解楼梯在建筑平面图中的位置及有关轴线的布置。

（2）了解楼梯间、楼梯段、梯井、休息平台等处的平面形式和尺寸以及楼梯踏步的宽
度和踏步数。

（3）了解楼梯的走向及上、下起步的位置。

（4）了解楼梯间各楼层平面、休息平台面的标高。

（5）了解中间层平面图中不同楼梯段的投影形状。

（6）了解楼梯间的墙、门、窗的平面位置、编号和尺寸。

（7）了解楼梯剖面图在楼梯底层平面图中的剖切位置及投影方向。

8.3 楼梯平面图的绘制

8.3.1 绘图环境的设置

1. 调用 A3 图框文件

（1）调用命令：【文件】→【新建】→【Template】→A3 样板图框，如图 8-5 所示。

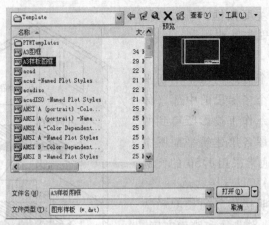

图 8-5　图形单位对话框

（2）输入命令：

命令：SCALE ↙

选择对象：

指定对角点：找到 32 个

选择对象：

指定基点：

正在恢复执行 SCALE 命令。

指定基点：

指定比例因子或［参照（R）］：50 ↙

（3）设置图形界限：【视图】→【缩放】。

命令行：Z ↙

指定窗口角点，输入比例因子（nX 或 nXP），或

［全部（A）/中心点（C）/动态（D）/范围（E）/上一个（P）/比例（S）/窗口（W）］＜实时＞：a ↙

提示：作图区域要根据作图所需图纸大小设定，本章案例以 A3 图纸作图，比例为 1:50，按 1:1 作图原则应把图纸放大 50 倍。

2. 设置图层

（1）调用命令：在命令行输入"LA"或单击 系统弹出【图层特性管理器】对话框。

（2）在【图层特性管理器】对话框中单击 新建(N) 按钮，新建的图层如图 8-6 所示。

名称	开	在...	锁	颜色	线型	线宽	打印样式	打.
0	♀	○	ๆ	□白色	Continuous	— 默认	Color_7	🖨
尺寸标注	♀	○	ๆ	■青色	Continuous	— 默认	Color_4	🖨
楼梯	♀	○	ๆ	■蓝色	Continuous	— 默认	Color_5	🖨
门窗	♀	○	ๆ	■绿色	Continuous	— 默认	Color_3	🖨
墙线	♀	○	ๆ	□黄色	Continuous	— 默认	Color_2	🖨
填充	♀	○	ๆ	■8	Continuous	— 默认	Color_8	🖨
文字	♀	○	ๆ	□白色	Continuous	— 默认	Color_7	🖨
轴线	♀	○	ๆ	■红色	ACAD_ISO04W100 — 默认	Color_1	🖨

图 8-6　图层设置

3. 设置标注样式

（1）调用命令：在命令行输入"DST"，系统弹出【标注样式管理器】对话框，如图 8-7 所示。

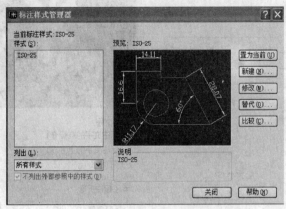

图 8-7　标注样式管理器

（2）单击【新建】按钮，系统弹出【创建新标注样式】对话框，指定新样式名为"GB50"。其他参数采用默认设置，单击【继续】进行下一步操作，如图 8-8 所示。

（3）分别单击【直线】与【符号和箭头】选项卡，进行尺寸线和尺寸界限、箭头的设置，具体选项和数值如图 8-9 所示。

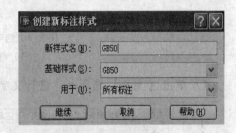

图 8-8　创建新标注样式

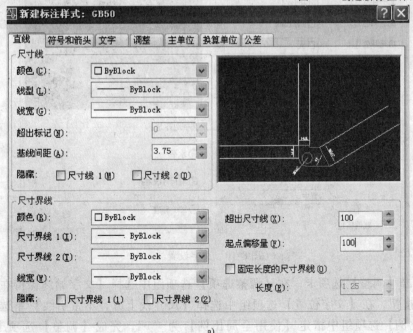

a)

图 8-9　选项和数值的设置

a）直线的设置

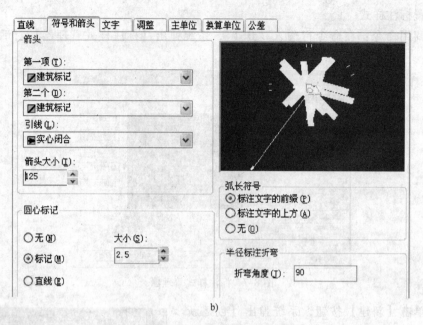

b)

图 8-9　选项和数值的设置（续）

b）符号和箭头的设置

（4）单击【文字】选项卡，进行文字设置，具体选项与数值如图 8-10 所示。

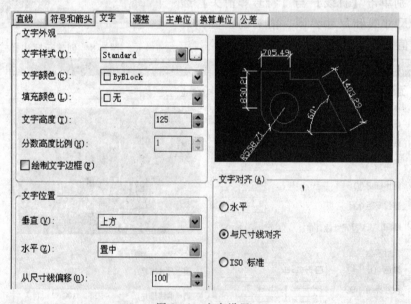

图 8-10　文字设置

（5）单击【调整】选项卡，在【调整选项】选项组中选择【文字始终保持在尺寸界线之间】单选按钮，在【文字位置】选项组中选择【尺寸线上方，不带引线】单选按钮，在【标注特征比例】选项组中指定【使用全局比例】为"1"，完成【调整】选项卡的设置，如图 8-11 所示。

（6）单击【主单位】选项卡，在【线性标注】选项组中，单击【精度】列表框后的下

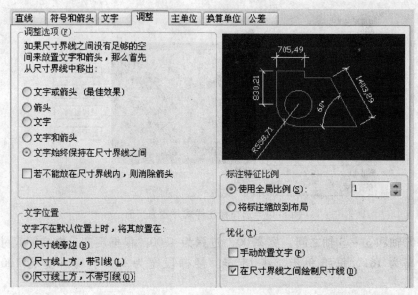

图 8-11　【调整】选项卡设置

拉按钮，在弹出的下拉列表中选择"0"，如图 8-12 所示。

（7）单击【确定】按钮返回【标注样式管理器】对话框，选中新建的标注样式，单击【标注样式管理器】对话框右侧的【置为当前】按钮，然后关闭【标注样式管理器】对话框回到绘图区，如图 8-13 所示。

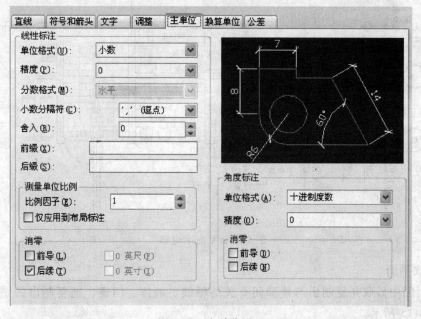

图 8-12　主单位设置

8.3.2　绘图步骤

在绘制楼梯平面图之前，首先要了解楼梯间在建筑物中的位置，从图 8-14 中可知该楼

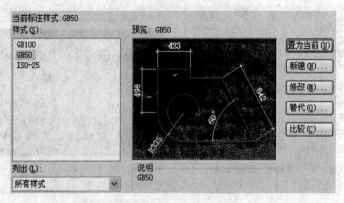

图 8-13　选择标注样式并置为当前

梯位于©~⑥轴和③~⑤轴之间。宽 2700，进深为 4800。根据层高，楼梯间尺寸设定踏步宽为 270，高为 161，每跑 9 步，共 18 步。楼梯段宽为 1120，梯井宽为 100，平台宽为 1200。

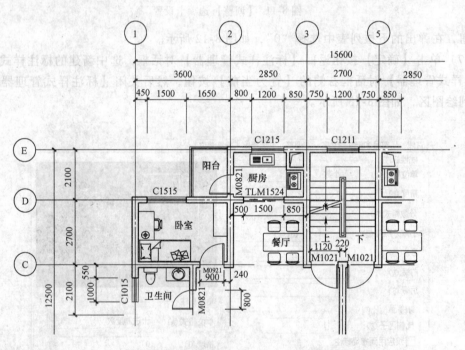

图 8-14　平面图局部

1. 截取平面

从平面图中截取并复制出与楼梯间有关的轴线、墙体、门窗，把复制出的图形进行整理，如图 8-15 所示。

2. 标注轴号

单击【轴线】层置为当前，调用【复制】命令标注轴号，如图 8-16 所示。

3. 绘制楼梯

（1）单击【楼梯】层置为当前层，确立起跑点位置。调用【直线】命令沿©轴内墙线

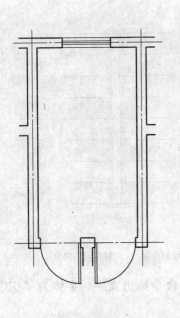

图 8-15　截取楼梯平面

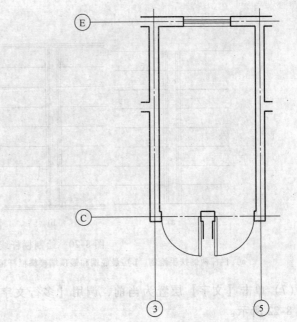

图 8-16　标注轴号

做辅助线，向上偏移 1200，确立起跑点，如图 8-17 所示。

（2）删除辅助线，调用【偏移】命令，选择起跑线向上偏移 8 次，每次偏移距离均为
270，如图 8-18 所示。

图 8-17　确立起跑点

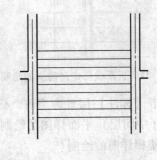

图 8-18　绘制踏步

（3）制作梯井，调用【直线】命令利用捕捉工具沿跑线中心点做辅助线。调用【偏
移】命令，沿辅助线向左右各偏移 50，如图 8-19 所示。

（4）删除中间辅助线，修剪梯井。调用【偏移】命令把左
右两边梯井线分别向外偏移 20 和 30 作为楼梯扶手，如图 8-20a
所示。

（5）调用【偏移】命令，选择最底端和最顶端楼梯跑线分
别向外侧偏移 20 和 30；将栏杆进行倒角操作，如图 8-20b、c
所示。

（6）绘制折断线、楼梯走向箭头（具体做法见第 2 章），如
图 8-21 所示。

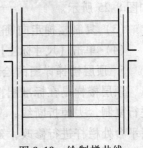

图 8-19　绘制梯井线

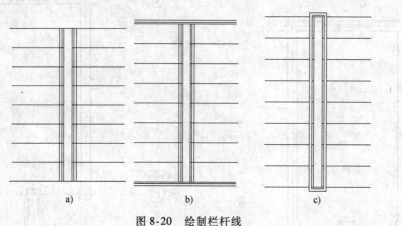

图 8-20　绘制栏杆线

a）栏杆两侧扶手绘制　　b）最底端和最顶端楼梯栏杆辅助线的绘制　　c）修剪后的梯井

（7）单击【文字】层置为当前，调用【多行文字】命令标出文字，字体为"GB50"，如图 8-22 所示。

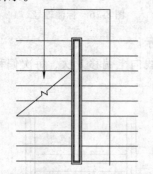

图 8-21　折断线与走向箭头的绘制

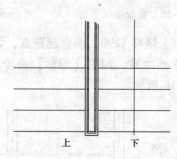

图 8-22　标注文字

（8）单击【标注】层置为当前，标注楼梯两侧平面板的标高以及其他尺寸，即完成了楼梯标准层（中间层）平面详图的绘制。如图 8-23 所示。

4. 首层楼梯详图的绘制

（1）复制楼梯标准层平面图，对照立面图可知，这栋楼的室内外高差为 900，因此，首层楼层距地面还有 900 的高度，经计算，900 高度内需要 6 级踏步。调用【修剪】命令及【删除】命令进行整理，如图 8-24 所示。

（2）单击【门窗】层置为当前，修剪窗线及梯井线，调用【插入块】命令插入门块，如图 8-25 所示。

（3）复制楼梯走向箭头，单击【文字】层置为当前，标注文字，如图 8-26 所示。

（4）单击【尺寸标注】层置为当前，标注尺寸并绘制剖切符号。最终效果如图 8-27 所示。

5. 顶层楼梯详图的绘制

顶层楼梯是在标准层楼梯平面图的基础上进行修改得到的，对画完的标准层楼梯平面图进行复制，去掉折断线，又因为顶层楼梯只上不下，所以去掉"上"的箭头和文字，对楼层平台处栏杆进行修改，延伸栏杆至墙线，对标高做相应修改，改成本楼层的标高，休息平台处标高为 13.050，楼层平台处标高为 14.500。最终结果如图 8-28 所示。

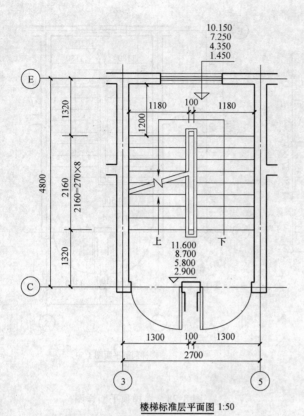

楼梯标准层平面图 1:50

图 8-23　标准层楼梯平面详图

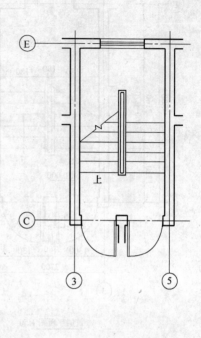

图 8-24　修剪标准层楼梯详图

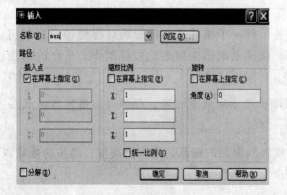

图 8-25　插入门块

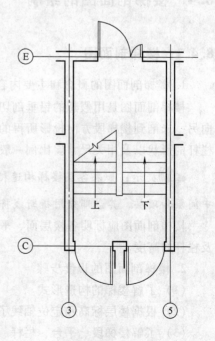

图 8-26　标注文字

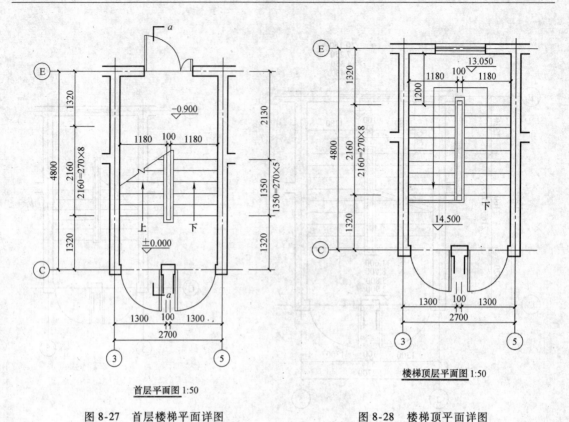

首层平面图 1:50

图 8-27　首层楼梯平面详图

楼梯顶层平面图 1:50

图 8-28　楼梯顶平面详图

8.4　楼梯剖面图的绘制

8.4.1　楼梯剖面图

1. 楼梯剖面图的概念和主要内容

楼梯剖面图是用假想的铅垂剖切面通过各层的一个楼梯段和门窗洞口将楼梯垂直剖切，向另一未剖到楼梯段方向投影所得的投影图。楼梯剖面图主要表达楼梯踏步、平台的构造、栏杆的形状以及相关尺寸。比例一般为 1:50、1:30 或 1:40。

提示：如果各层楼梯构造相同，且踏步尺寸和数量相同，楼梯剖面图可只画底层、中间层和顶层，其余部分用折断线将其省略。

楼梯剖面图应标明各楼层面、平台面、楼梯间窗洞的标高，踢面的高度，踏步的数量以及栏杆的高度。

2. 楼梯剖面图的识读步骤

（1）了解楼梯的构造形式。

（2）根据楼层标高和定位轴线了解楼梯的尺寸。

（3）了解楼梯段、平台、栏杆、扶手的构造和用料说明。

（4）了解梯段的踏步级数、整跑楼梯段的高度以及踢面的高度。

（5）了解图中的索引符号。

8.4.2　绘图步骤

1. 与平面详图建立关系

在楼梯平面详图的基础上绘制楼梯剖面详图。为了方便画图，先将平面详图旋转到如图 8-29 所示位置，在平面详图的下方复制出Ⓔ、Ⓒ轴轴线，沿 X 轴方向绘制一条水平线，作为 X 轴基线，将其沿 Y 轴方向偏移 2900 所得的辅助线作为层高线，结果如图8-30 所示。

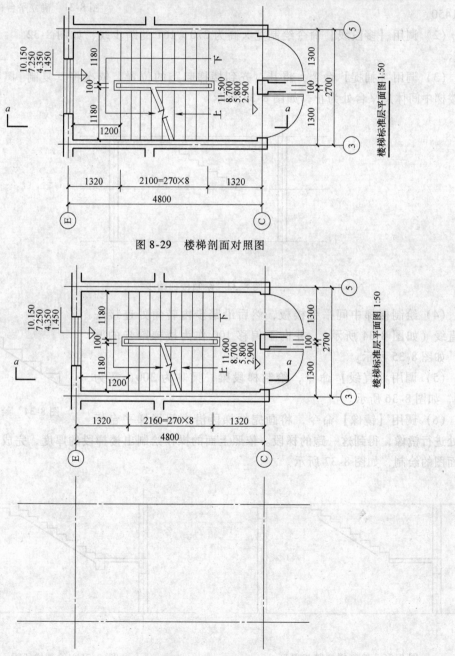

图 8-29　楼梯剖面对照图

图 8-30　绘制辅助线

2. 绘制标准层楼梯剖面图

（1）把【墙线】图层置为当前，对照平面详图绘制剖到的墙体，将轴线分别向两侧偏移120。对照平面楼梯起跑的位置绘制两根辅助线，确定楼梯梯段的位置，绘制楼层平台100厚楼板，沿层高线绘制一条直线，向下偏移100，如图8-31所示，确定楼梯中间平台的高度，在楼层一半的位置，将层高线向中间偏移1450。

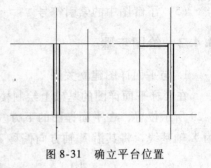

图 8-31　确立平台位置

（2）调用【多段线】命令绘制宽×高为270×161的踏步线，如图8-32所示。

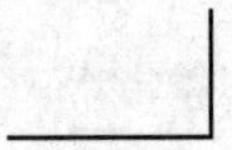

（3）调用【捕捉】命令，将其对齐到楼梯起跑的位置，依次将其复制到楼梯中间休息平台处为止，如图8-33所示。

图 8-32　绘制踏步线

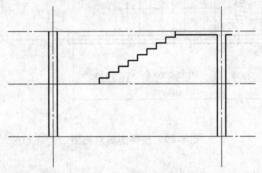

图 8-33　绘制楼梯踏步

（4）绘制楼梯中间平台楼板，然后沿踏步内转角处连接一条直线（如图8-34所示），并向下偏移100作为楼梯踏步的厚度，如图8-35所示。

（5）调用【直线】命令，绘制梯段梁，梁高为300，宽为250，如图8-36所示。

图 8-34　绘制直线

（6）调用【镜像】命令，将画完的梯段沿中间楼梯平台标高处进行镜像，得到这一跑的梯段。依照上面的操作绘制出楼梯段的厚度，完成标准层楼梯剖面图的绘制，如图8-37所示。

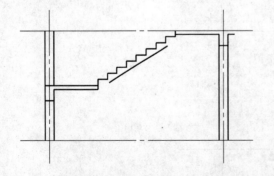

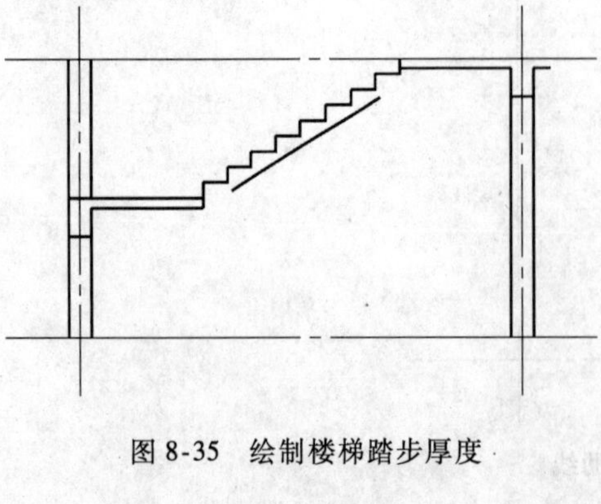

图 8-35　绘制楼梯踏步厚度

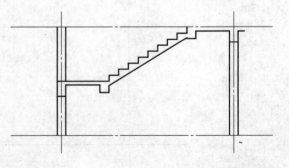

图 8-36　绘制梯段梁

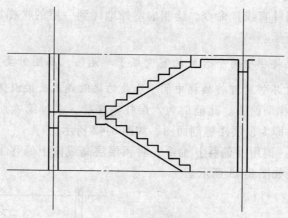

图 8-37　标准层楼梯剖面图

（7）调用【偏移】命令，绘制剖面窗，将下轴线向上偏移 1100 作为窗洞口的高度，绘制出剖到的窗，如图 8-38 所示。

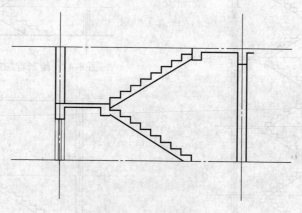

图 8-38　绘制剖面窗

（8）调用【偏移】命令，绘制剖面门，将下层轴线向上偏移 2100 作为门洞口高度线。剖面门的绘制结果如图 8-39 所示。

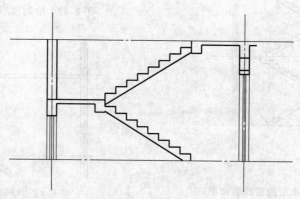

图 8-39　绘制剖面门

（9）调用【复制】命令，利用【捕捉】功能复制标准层的楼梯剖面图，如图 8-40 所示。然后修改首层楼梯剖面图，在标准层剖面图的基础上，将一层的层高线向下偏移 900 作为室内外高差线。调用【直线】命令，绘制出室外地坪到一层的楼梯踏步，踏步宽为 270，高为 150，如图 8-41 所示。

📢提示：在首层楼梯中间平台处的窗变成了单元门，画图时要注意，要保证此门的最小高度为 2200，尺寸不够时可将楼梯中间平台处的梁做成上反梁以保证下面门洞的净高。

（10）修改顶层楼梯剖面图。此范例为六层住宅楼梯，去掉第六层到屋面的楼梯梯段，将楼梯顶部楼板补齐，即为顶层楼梯剖面图，如图 8-42 所示。

（11）绘制女儿墙。调用【偏移】命令，将顶层层高线向上偏移 1100 作为辅助线将墙线延伸，绘出女儿墙，如图 8-43 所示。

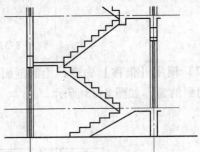

图 8-41　绘制首层的楼梯剖面图

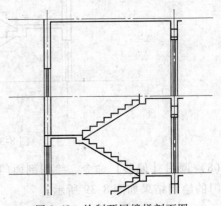

图 8-42　绘制顶层楼梯剖面图

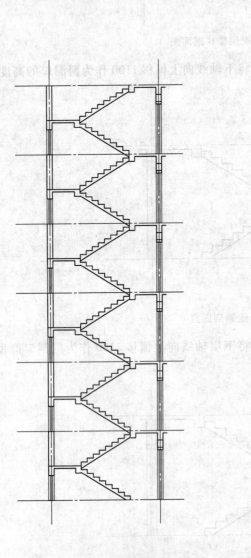

图 8-40　复制标准层的楼梯剖面图

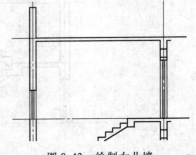

图 8-43　绘制女儿墙

3. 绘制楼梯栏杆

（1）锁定【墙线】层，单击【楼梯】图层置为当前。绘制标准层楼梯围栏。

（2）调用【直线】命令，捕捉踏步中点绘制高度为 900 的栏杆辅助线，如图 8-44 所示。

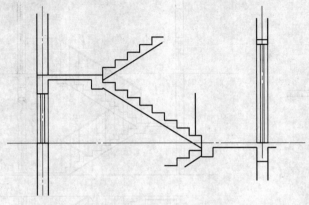

图 8-44　绘制栏杆辅助线　　　　　　　　　　　　图 8-45　绘制栏杆

（3）调用【偏移】命令，选取辅助线，向其左右各偏移 10，删除辅助线，如图 8-45 所示。

（4）调用【复制】命令进行复制，如图 8-46 所示。再次调用【复制】命令把栏杆向右侧复制并移动（@280，161），绘制平台栏杆如图8-47所示。

（5）调用【直线】命令，捕捉第一个栏杆的右端点为基点，输入偏移坐标（@100，900）确立起点，捕捉最上端栏杆左端点，然后输入（@100，0）、（@0，−40）。捕捉右侧平台栏杆端点，再次输入（@100，0）、（@0，40），修剪多余线段，楼梯扶手绘制完成如图 8-48 所示。

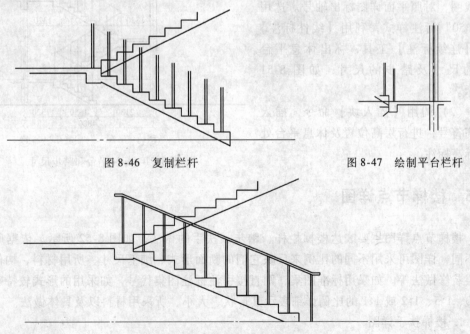

图 8-46　复制栏杆　　　　　　　　　　　　图 8-47　绘制平台栏杆

图 8-48　绘制楼梯扶手

（6）依照上述方法绘制另一段楼梯，并修剪，如图 8-49 所示。

（7）选择整段楼梯进行复制，并绘制首层楼梯和第六层楼梯，如图 8-50 所示。

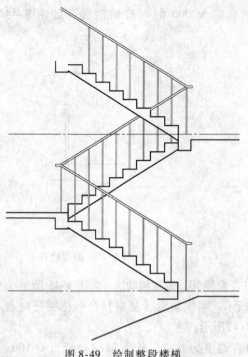

图 8-49　绘制整段楼梯

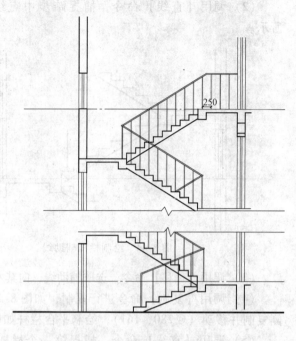

图 8-50　首层楼梯、第六层楼梯

4. 尺寸标注

（1）调用【插入块】命令，插入轴线圈，对照平面详图标出轴号。选用"GB50"标注样式，利用【线性标注】和【连续标注】工具，标出休息平台处的尺寸及踏步的尺寸，如图 8-51 所示。

（2）调用【插入块】命令，插入标高符号，进行层高位置及休息平台处的标高标注。

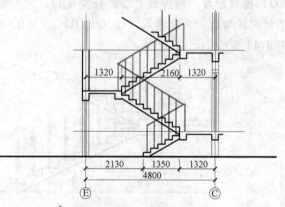

图 8-51　标注平台和踏步尺寸

8.5　楼梯节点详图

　　楼梯节点详图主要表达楼梯栏杆、踏步、扶手的做法，如图 8-52 所示。依据所画内容的不同，详图可采用不同的比例来反映它们的断面形式、细部尺寸、所用材料、构件连接及面层装修做法等。如采用标准图集，则直接引注标注图集代号，如采用的形式较特殊，则用1:10、1:5、1:2 或 1:1 的比例详细表示其形状、大小、所采用材料以及具体做法。

　　1. 楼梯扶手详图

　　（1）根据详图尺寸利用【直线】、【拉伸】、【倒角】命令按钮，绘制扶手和连接件，并填充材质，结果如图 8-53 所示。

　　（2）单击【标注】工具栏中【线性标注】命令，标注扶手尺寸，结果如图 8-54 所示。

（3）使用【直线】和【多行文字】命令进行文字说明，结果如图 8-55 所示。

2. 楼梯踏步详图

　　绘制楼梯踏步详图需绘制楼梯踏步防滑条，复制栏杆和踏步，并对其进行修改。楼梯踏步表面层为水泥抹面，其在踏步的边缘磨损较大，比较光滑，因此在踏步边沿水平线位置需设置防滑条。

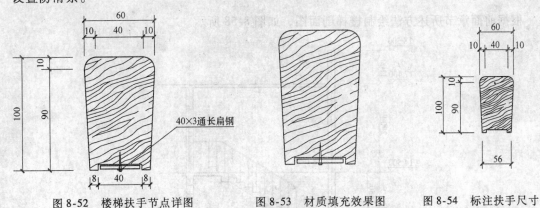

图 8-52　楼梯扶手节点详图　　　　图 8-53　材质填充效果图　　　图 8-54　标注扶手尺寸

（1）单击【直线】命令和【多段线】命令，绘制踏步和连接件并填充材质，如图 8-56 所示。

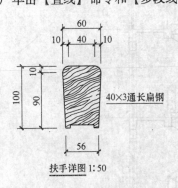

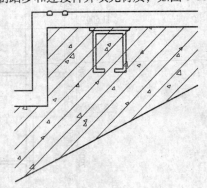

图 8-55　扶手详图文字标注　　　　　　　　图 8-56　绘制踏步并填充材质

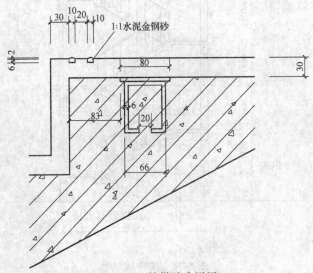

图 8-57　楼梯踏步详图

（2）单击【线性标注】命令标注踏步尺寸，并利用【文字】命令注释说明，如图 8-57 所示。

8.6 实例练习

根据前面章节所述方法绘制楼梯剖面图，如图 8-58 所示。

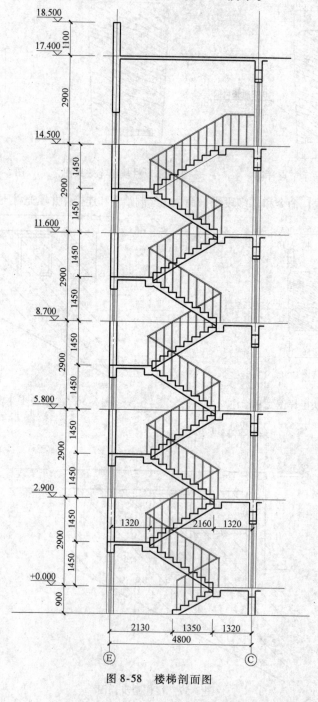

图 8-58 楼梯剖面图

8.7 思考与练习

（1）简述楼梯剖面图的概念和主要内容。

（2）简述楼梯详图的主要内容。

（3）简述建筑详图的图示方法和有关规定。

第9章 图形的打印及输出

本章主要讲解 AutoCAD 2006 的图形打印及输出。AutoCAD 2006 提供了一体化的图形打印输出功能，能够帮助用户定制图形的打印样式，并非常直观、方便地打印图形。通过对本章的学习，用户可以掌握 AutoCAD 2006 的图形打印的概念，配置打印机的方法，打印样式的概念，如何添加、编辑打印样式以及图形对象的指定输出。

◆**本章要点：**
◆AutoCAD 2006 的打印概念
◆配置打印机
◆打印样式
◆图形对象的指定输出

9.1 AutoCAD 2006 的打印概念

AutoCAD 的打印功能的发展历经以下两个阶段。

1. 以"模型"模式为主的简单型

以"模型"模式输出图形是本章的重点所在。以前因为没有"布局"模式输出图形的功能，所以初学者画图都在"模型"空间模式下。此时期的打印操作也是最简单的。对初学者来说，不需要在此时涉入较为复杂"布局"观念，而使原本简单的打印操作变得复杂。初学者此时画的图都是平面的，只要将图尽快输出就可以了。在此要讲述的就是这种最简单的打印方式。整个打印过程分为 3 个阶段，即绘图、设置、打印，在设置阶段，只要对打印设备硬件及规范打印条件的打印样式文件做设置就可以了。

2. 以"布局"模式为主的复杂多功能型

随着对画图功能更多的需求及 3D 画图的升级，初学者将了解到，在"模型"模式下可以将几张平面图甚至立体图都画在一起，然后在"布局"中逐一安排其打印的位置和画面。此时，利用这个功能就可以将画在"模型"模式下的图以不同的面貌在"布局"模式中显示，而达到省力和多样的目的。"布局"模式打印法有很多操作是和"模型"模式打印法一样的，只是针对的对象不同，因此本章介绍的重点是以"模型"模式为主的简单型打印。

9.2 配置打印机

在打印输出图形文件之前，需要根据打印使用的打印机型号，在 AutoCAD 2006 中配置打印机。配置打印机需要用到绘图仪管理器。

（1）用户可通过【文件】→【打印机管理器】方式打开打印样式管理器，执行上述操作后出现如图 9-1 所示的【Plotters】对话框，用户可以在向导的帮助下完成添加打印机的

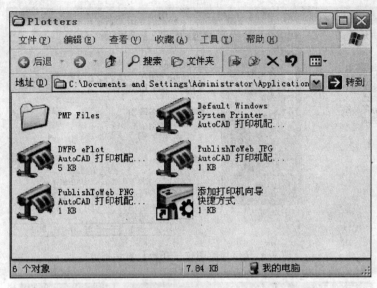

图 9-1　【Plotters】对话框

操作。

（2）双击"添加打印机向导"快捷方式，弹出【添加打印机简介】对话框，如图 9-2 所示。

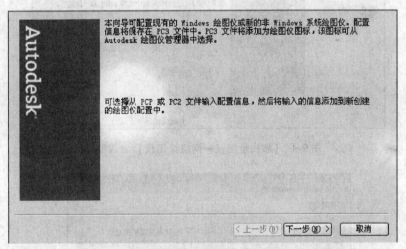

图 9-2　【添加打印机简介】对话框

（3）单击 下一步(N) > 按钮，进入【添加绘图仪—开始】对话框，如图 9-3 所示。

1）我的电脑：出图设备为绘图仪，且直接连接到当前计算机上。

2）网络绘图仪服务器：绘图仪由其他计算机等设备提供，再通过网络连接到当前计算机上。

3）系统打印机：使用 Windows 系统打印机。

（4）以添加 HP500 绘图仪为例，选择【网络绘图仪】服务器，单击【下一步】按钮，进入【添加绘图仪—网络绘图仪】对话框，如图 9-4 所示。

单击 浏览(B)... 按钮，弹出【连接到打印机】对话框，如图 9-5 所示，打开共享打印

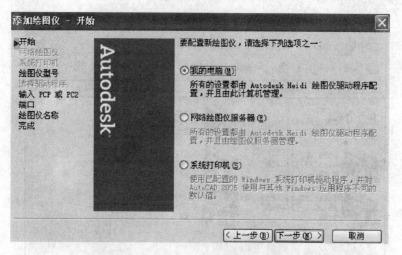

图 9-3　【添加绘图仪—开始】对话框

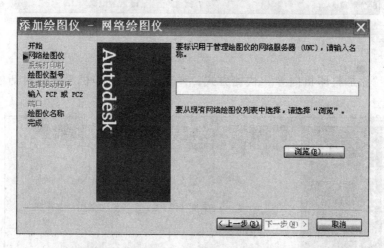

图 9-4　【添加绘图仪—网络绘图仪】对话框

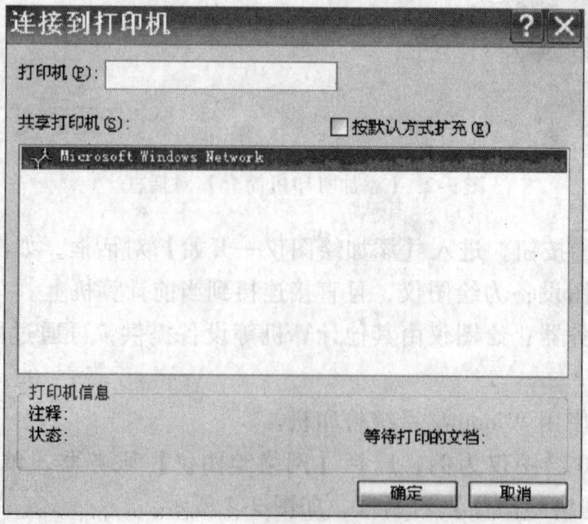

图 9-5　【连接到打印机】对话框

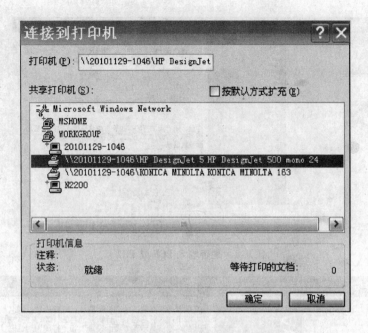

图 9-6　【连接到打印机】对话框展开栏

机下拉列表，选中要添加的打印机型号"HP DesignJet 500 mono 24"，如图 9-6 所示，单击
【确定】按钮，回到【添加绘图仪—网络绘图仪】对话框。单击【下一步】，进入下一步，
进行相应操作，在【添加绘图仪—绘图仪型号】对话框中选择绘图仪的生产商和型号，如
图 9-7 所示。

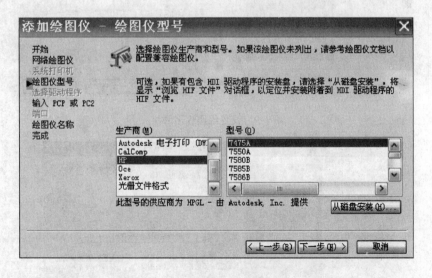

图 9-7　【添加绘图仪—绘图仪型号】对话框

选择好绘图仪生产商和型号后，进入下一步，选择是否输入 PCP 或 PC2，如图 9-8
所示。

在【添加绘图仪—绘图仪名称】对话框中，指定刚添加的绘图仪的名称，一般保持默
认即可，具体操作如图 9-9 所示，下一步完成添加打印机的全部操作，如图 9-10 所示。

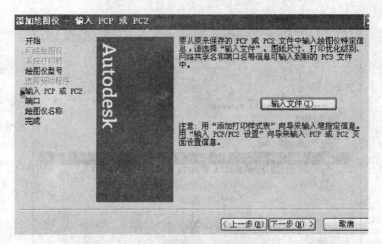

图 9-8　是否输入 PCP 或 PC2

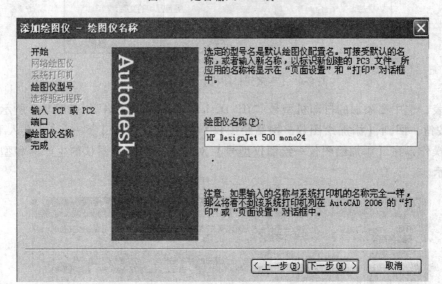

图 9-9　设置绘图仪名称

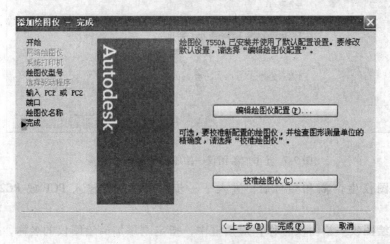

图 9-10　完成对话框

经过上述步骤，为 AutoCAD 2006 添加了一个新的打印机型号，以后可以利用所设打印机配置输出绘制的工程图。

9.3　打印样式

打印样式是一种对象特性，用于修改打印图形的外观，包括对象的颜色、线型和线宽等，也可指定端点连接和填充样式，以及抖动、灰度、笔号和淡显等输出效果。在 AutoCAD 中有按"颜色"和"命名"两种打印方式，进行建筑施工图出图时以"颜色相关打印"最为方便常用。

（1）用户通过单击【文件】→【打印样式管理器】，弹出【Plot Styles】文本框，如图 9-11 所示。在此可以双击，对已经建立好的打印样式进行编辑，也可以为适合图形的打印效果，重新建立一个自己需要的打印样式，这个步骤可以在"向导"的帮助下一步步完成，该"向导"可以引导用户进行添加打印样式表操作，过程中会分别对打印的表格类型、样式表名称等参数进行设置。利用向导添加打印样式的过程比较简单，而且一目了然。

图 9-11　【Plot Styles】文本框

（2）双击"添加打印样式表向导"，弹出【添加打印样式表】对话框，对话框给出了有关的文字提示，根据提示的内容进行下一步操作（如图 9-12 所示）。

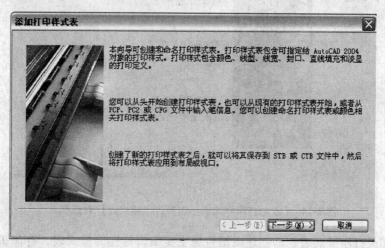

图 9-12　【添加打印样式表】对话框

（3）单击【下一步】按钮，弹出【添加打印样式表—开始】对话框，如图 9-13 所示，一共有四个选项。

1）创建新打印样式表：即创建一个全新的打印样式表。

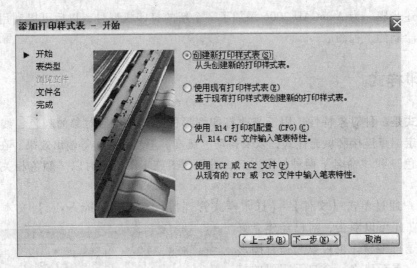

图 9-13 【添加打印样式表—开始】对话框

2）使用现有打印样式表：即在现有打印样式表的基础上，通过编辑创建一个新的打印样式表。

3）使用 R14 打印机配置：即从 R14 CFG 文件输入笔表特性。

4）使用 PCP 或 PC2 文件：即从现有的 PCP 或 PC2 文件输入笔表特性。

（4）在弹出的对话框中选择【创建新打印样式表】选项，进行下一步操作，弹出【添加打印样式表—选择打印样式表】对话框，此对话框中有两个选项，如图 9-14 所示。

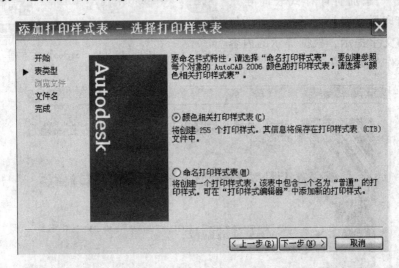

图 9-14 【添加打印样式表—选择打印样式表】对话框

1）颜色相关打印样式表：即创建以颜色为主要编辑特性的样式表，打印机通过对颜色的识别来进行打印。

2）命名打印样式表：即创建一个打印样式表，该表中包含一个名为"普通"的打印样式，可在"打印样式编辑器"中添加新的打印样式。

（5）选择【颜色相关打印样式表】选项，单击【下一步】按钮指定样式名称，为了便于记忆可以以要打印的图纸大小命名，如"A3 平面"，也可以用其他名称命名，如图 9-15 所示。

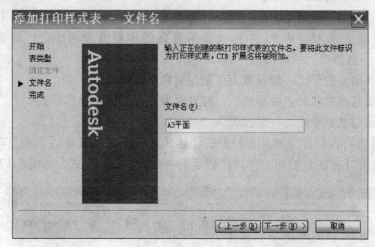

图 9-15 输入文件名

（6）单击【下一步】按钮，弹出【添加打印样式表—完成】对话框，单击【打印样式表编辑器】，弹出【打印样式表编辑器】对话框（如图 9-16 所示），在【格式视图】选项卡中列出了按颜色打印的特性。

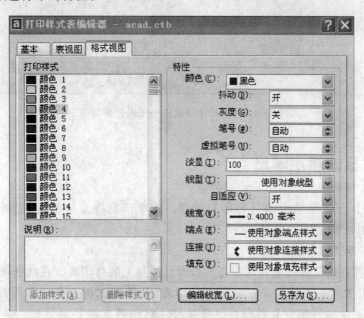

图 9-16 【打印样式表编辑器】对话框

1）颜色：打印结果的颜色，选中所有的打印样式中的颜色，设置打印的颜色为黑色。

2）抖动：使打印的线有抖动的效果，一般处于关闭状态。

3）淡显：打印出的线条处于模糊的效果，100 为完全可见状态，0 为完全不可见状态，一般将家具、厨卫用具的颜色淡显打印，淡显的程度因打印机情况而定，大约在 60～90。

4）线型：使选中的颜色的线型为此线型。因为在图层特性中已经设置过线型，在此没有必要重复设置，选"使用对象线型"即可。

5）线宽：打印出的线的宽度，一般有三种线宽：粗线、中粗线、细线，粗线表示剖切到的线，一般设置在 0.25～0.5，中粗线表示重要的需要强调的线，一般设置在0.18～0.25，细线表示一般的线，一般设置在 0.13～0.18。

6）端点：线端点的形式一般设置为"使用对象端点样式"。

7）连接：线与线之间的连接形式，一般设置为"使用对象连接样式"。

8）填充：线的填充样式，一般设置为"使用对象填充样式"。

（7）单击【另存为】即可对设置好的打印样式进行保存，回到【添加打印样式表—完成】对话框，点击【完成】按钮，这样就创建了一个新的打印样式，如图 9-17 所示。

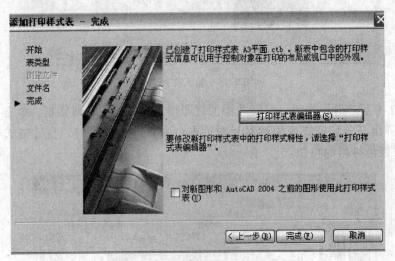

图 9-17 【添加打印样式表—完成】对话框

9.4 图形对象的指定输出

单击【文件】下拉菜单中的【打印】选项，或单击标准工具栏里的 图标，将弹出【打印—模型】对话框，如图 9-18 所示。

1. 【打印机/绘图仪】选项组

可以在此切换已定义的所有打印设备，选择已连接上的打印机。在此选项组中还有一个【打印到文件】开关项，它是用来指定将图打印成 plt 等格式的文件。如果此开关已勾选，那么单击该对话框中的【确定】按钮后，将显示【打印到文件】对话框，必须在此输入该plt 格式的文件名。

2. 【图纸尺寸】选项组

在此指定打印纸张的大小。

3. 【图形方向】选项组

在此指定图纸是横向或竖向放置。

4. 【打印样式表（笔指定）】选项组

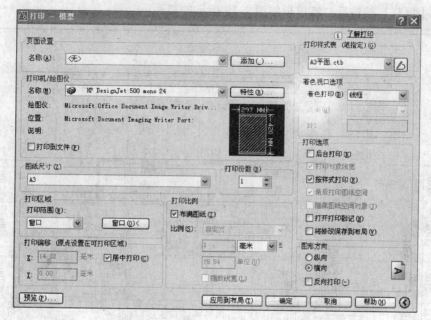

图 9-18　【打印—模型】对话框

在绘制建筑工程图时，为了表示图中的不同内容，并且能够分清主次，必须使用不同的线型和不同粗细的图线。在 AutoCAD 制图中，图形可用色彩来区分，然后再利用色彩来控制图线的粗细，这就是为什么要把不同的图层设置成不同的颜色。在打印样式表中可以创建一个自己的打印样式，根据自己的习惯控制图线的粗细，在此选择新建立的"A3 平面图"打印样式。

5.【打印比例】选项组

按照开始画图前的规划和原则，一般工程图都应按比例打印。本范例的画图比例是1:100，所以在此指定以【自定义】方式设置 1＝100。如果勾选此框中的【布满图纸】开关项，就表示要以没有比例的方式打印。

6.【打印选项】选项组

（1）后台打印：是否要在幕后处理打印。

（2）打印对象线宽：指定是否打印为对象或图层指定的线宽。

（3）按样式打印：指定是否打印应用于对象和图层的打印样式。

（4）最后打印图纸空间：指定是否先打印模型空间几何图形。

（5）隐藏图纸空间对象：此选项仅在布局选项卡中可用。

（6）打开打印戳记：是否打开打印戳记。所谓打印戳记，就是让用户可以在打印时加入如图纸、布局、设备、登陆等名称以及打印比例、图纸尺寸或日期时间等信息作为戳记。

7.【打印偏移（原点设置在可打印区域）】选项组

通过在【X】和【Y】框中输入正负值来决定打印的原点位置，以配合用户的图纸状况，特别是在大型画图仪上采用的是可自动裁纸的滚筒式连续图纸，而对单张式图纸来说，勾选【居中打印】开关项是个不错的选择。

8. 预览打印的结果

单击【预览】按钮后，将出现如图 9-19 所示的画面。

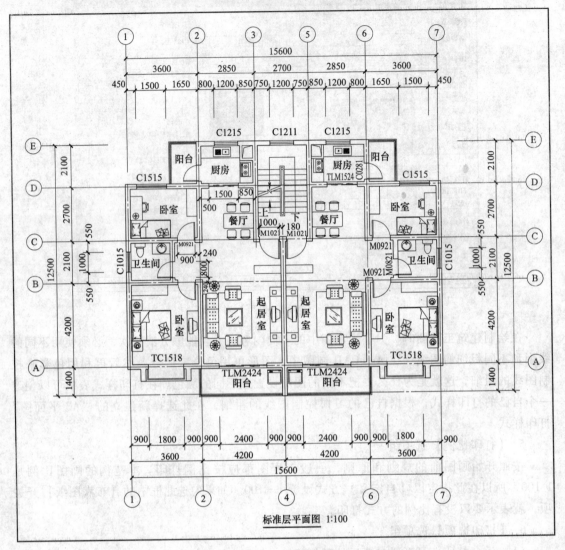

标准层平面图 1:100

图 9-19　图形预览

在图中用户可以按住鼠标左键来缩放画面，要返回原来的设置窗口，单击【退出】即可。若要打印则选择【打印】选项。经过上述步骤，即可方便快捷地完成整套图纸的打印工作。

附录　某住宅 D 户型施工图，见全文后插页。

参 考 文 献

［1］ 二代龙震工作室. AutoCAD 2009 建筑工程制图和界面设计基础［M］. 北京：清华大学出版社，2009.

［2］ 顾善德，徐志宏，土建工程制图［M］. 上海：同济大学出版社，1987.

［3］ 中华人民共和国建设部. GB/T 50103—2001 总图制图标准［S］. 北京：中国计划出版社，2002.

［4］ 中华人民共和国建设部. GB/T 50001—2001 房屋建筑制图统一标准［S］. 北京：中国计划出版社，2002.

［5］ 中华人民共和国建设部. GB/T 50104—2001 建筑制图标准［S］. 北京：中国计划出版社，2002.